U0384414

JISUANJI WANGLUO JISHU YINGYONG

JI FAZHAN TANJIU

计算机网络技术应用

及发展探究

◎张 婉 / 著

 四川大学出版社

项目策划：唐　飞
责任编辑：唐　飞
责任校对：王　锋
封面设计：陈　勇
责任印制：王　炜

图书在版编目（CIP）数据

计算机网络技术应用及发展探究 / 张婉著 . — 成都：
四川大学出版社 , 2018.6
　ISBN 978-7-5690-1948-3

　Ⅰ . ①计… Ⅱ . ①张… Ⅲ . ①计算机网络－研究
Ⅳ . ① TP393

　中国版本图书馆 CIP 数据核字 (2018) 第 131095 号

书 名	计算机网络技术应用及发展探究
著　者	张　婉
出　版	四川大学出版社
地　址	成都市一环路南一段 24 号（610065）
发　行	四川大学出版社
书　号	ISBN 978-7-5690-1948-3
印前制作	河北宁远文化传播有限公司
印　刷	成都国图广告印务有限公司
成品尺寸	170mm×240mm
印　张	10.5
字　数	196 千字
版　次	2019 年 6 月第 1 版
印　次	2019 年 6 月第 1 次印刷
定　价	45.00 元

◆ 读者邮购本书，请与本社发行科联系。
　电话：(028)85408408/(028)85401670/
　(028)86408023　邮政编码：610065
◆ 本社图书如有印装质量问题，请寄回出版社调换。
◆ 网址：http://press.scu.edu.cn

四川大学出版社
微信公众号

前　　言

　　计算机网络系统既是计算机技术和通信技术相结合的系统,也是存储、传播和共享信息的工具。经过多年的发展,计算机网络已成为目前信息化社会中人们的必要工具,是人们之间信息交流的最佳平台。计算机网络的应用影响和改变了人们的工作、学习和生活方式,网络发展水平成为衡量国家发展水平的重要标志之一。

　　21世纪是以网络为核心的信息时代,以信息技术(IT)和信息产业为主导的知识经济将成为社会的主要经济形态。计算机网络将在信息高速公路、国家信息基础设施(NI)及全球信息基础设施(GI)的建设中扮演着重要的角色,是当今正迅速发展的新兴信息科学技术之一,同时也是计算机、通信、光电子、多媒体等相互渗透发展而形成的一门综合性信息学科,也已引起人们广泛的关注和兴趣。

　　面对日新月异的网络技术的发展,本书在内容上采用由浅渐深的阐述方法,力求在阐明基本原理的基础上,注意理论与实践的结合,注意有关技术的发展趋势,力求读者通过本书的学习,可以了解和掌握计算机网络的有关知识和发展动向。

　　本书共6章。第1章计算机网络技术,主要阐述计算机网络及其产生与发展、计算机网络的拓扑结构以及网络体系结构与网络协议;第2章网络接入技术,主要对宽带接入技术、光纤接入技术、无线接入技术3部分内容进行论述与研究;第3章和第4章主要对无线网络技术与广域网技术进行阐释;第5章Internet应用,主要探讨Internet基本理论、WWW信息服务以及电子邮件;第6章计算机网络技术的发展,主要对下一代网络技术、智能网技术以及物联网技术进行分析与探究。

　　本书在撰写过程中参考了大量的文献与资料,并汲取了多方人士的宝贵经验,在此向这些文献的作者表示感谢。由于时间仓促,计算机网络技术处于不断发展之中,加之作者水平有限,书中难免存在缺点与不足之处,敬请广大读者批评指正。

作者
2018年3月

目　　录

第1章 计算机网络技术

计算机网络是借助于电缆、光缆、公共通信线路、微波、卫星等传输介质,把跨越不同地理区域的计算机互相连接起来而形成的信息通信网络。计算机网络技术是计算机技术和通信技术相结合的产物,它代表着计算机系统今后发展的一个重要方向,它的发展和应用正改变着人们的传统观念和生活方式,使信息的传递和交换更加快捷。目前,计算机网络在全世界范围内迅猛发展,网络应用逐渐渗透到各个技术领域和社会的各个方面,已经成为衡量一个国家水平和综合国力强弱的标志。本章主要对计算机网络及其产生与发展、计算机网络的拓扑结构以及网络体系结构与网络协议进行阐述。

1.1 计算机网络及其产生与发展

1.1.1 计算机网络

1.1.1.1 计算机网络的定义

在计算机网络发展的不同阶段,人们对计算机网络提出了不同的定义。不同的定义反映着当时网络技术发展的水平,以及人们对网络的认识程度。这些定义可以分为3类:广义的观点、资源共享的观点和用户透明性的观点。从目前计算机网络的特点来看,资源共享观点的定义能比较准确地描述计算机网络的基本特征。相比之下,广义的观点定义了计算机通信网络,而用户透明性的观点定义了分布式计算机系统。

资源共享观点将计算机网络定义为"以能够相互共享资源的方式互联起来的

自治计算机系统的集合"。资源共享观点的定义符合目前计算机网络的基本特征，这主要表现在以下几个方面：

（1）计算机网络建立的主要目的是实现计算机资源的共享。计算机资源主要是指计算机硬件、软件、数据与信息资源。网络用户不但可以使用本地计算机资源，而且可以通过网络访问联网的远程计算机资源，还可以调用网络中几台不同的计算机共同完成一项任务。一般将实现计算机资源共享作为计算机网络的最基本特征。

（2）互联的计算机是分布在不同地理位置的多台独立的"自治计算机"。"自治计算机"就是每台计算机有自己的操作系统，互联的计算机之间可以没有明确的主从关系，每台计算机既可以联网工作，也可以脱机独立工作。联网计算机可以为本地用户服务，也可以为远程网络用户提供服务。

（3）联网计算机之间的通信必须遵循共同的网络协议。计算机网络是由多个互连的节点组成的，节点之间要做到有条不紊地交换数据，每个节点都必须遵守一些事先规定的约定和通信规则，这些约定和通信规则就是通信协议。

1.1.1.2　计算机网络的分类

1）根据网络传输技术进行分类

网络所采用的传输技术决定了网络的主要技术特点。因此，根据网络所采用的传输技术对网络进行分类是一种很重要的分类方法。

在通信技术中，通信信道的类型有两类，即广播通信信道和点到点通信信道。在广播通信信道中，多个节点共享 1 个通信信道，1 个节点广播信息，其他节点必须接收信息。而在点到点通信信道中，1 条通信信道只能连接 1 对节点，如果两个节点之间没有直接连接的线路，那么它们只能通过中间节点转接。显然，网络要通过通信信道完成数据传输任务，网络所采用的传输技术也只可能有两类，即广播（Broadcast）方式和点到点（Point－to－Point）方式。这样，相应的计算机网络也可以分为两类，即广播式网络（Broadcast Network）和点到点式网络（Point－to－Point Network）。

（1）广播式网络。在广播式网络中，所有联网的计算机都共享一个公共通信信道。当一台计算机利用共享通信信道发送报文分组时，所有其他的计算机都会"收听"到这个分组。由于发送的分组中带有目的地址与源地址，接收到该分组的计算机将检查目的地址是否与本节点地址相同，如果被接收报文分组的目的地址与本节点地址相同，则接收该分组，否则丢弃该分组。显然，在广播式网络中，发送的报文分组的目的地址可以有 3 类，即单一节点地址、多节点地址与广播地址。

　　(2)点到点式网络。点到点式网络是指网络中每两台主机、两台节点交换机之间或主机与节点交换机之间都存在一条物理信道,即每条物理线路连接一对计算机,机器(包括主机和节点交换机)沿某信道发送的数据确定无疑地只有信道另一端的唯一一台机器收到。

　　假如两台计算机之间没有直接连接的线路,那么它们之间的分组传输就要通过中间节点的接收、存储、转发直至目的节点。由于连接多台计算机之间的线路结构可能是复杂的,因此,从源节点到目的节点可能存在多条路由,决定分组从通信子网的源节点到达目的节点的路由需要有路由选择算法。采用分组存储转发是点到点式网络与广播式网络的重要区别之一。

　　2)根据网络覆盖范围分类

　　计算机网络根据其覆盖的地理范围进行分类,可以很好地反映不同类型网络的技术特征。由于网络覆盖的地理范围不同,它们所采用的传输技术也就不同,因而形成了不同的网络技术特点与网络服务功能。

　　根据覆盖的地理范围进行分类,计算机网络可以分为 3 类,即局域网(Local Area Network,LAN)、广域网(Wide Area Network,WAN)和城域网(Metropolitan Area Network,MAN)。

　　(1)局域网。局域网用于将有限范围内(如一个实验室、一幢大楼、一所校园)的各种计算机、终端与外部设备互联成网。局域网按照采用的技术、应用范围和协议标准的不同可以分为共享局域网与交换局域网。局域网技术发展非常迅速,并且应用日益广泛,是计算机网络中最为活跃的领域之一。

　　局域网可以用于个人计算机局域网、大型计算设备群的后端网络与存储区域网络、高速办公室网络、企业与学校的主干网络。

　　(2)广域网。广域网也称为远程网。它所覆盖的地理范围从几十千米到几千千米。广域网覆盖一个国家、地区,或横跨几个洲,形成国际性的远程网络。广域网的通信子网主要使用分组交换技术。广域网的通信子网可以利用公用分组交换网、卫星通信网和无线分组网。它将分布在不同地区的计算机系统互联起来,达到资源共享的目的。

　　随着网络技术的发展,LAN 和 MAN 的界限越来越模糊,各种网络技术的统一已成为发展的趋势。

　　(3)城域网。城市地区网络常简称为城域网。城域网是介于广域网与局域网之间的一种高速网络。城域网设计的目标是要满足几十千米范围内的大量企业、机关、公司的多个局域网互联的需求,以实现大量用户之间的数据、语音、图形、视频等多种信息的传输功能。

随着 Internet 应用的发展,Internet 接入技术使得城域网在概念、技术与网络结构上都发生了非常大的变化,宽带城域网的概念逐渐取代了传统意义上的城域网的地位,是目前研究、应用与产业发展的一个重要的领域。

3)其他的网络分类方法

按网络控制方式的不同,可把计算机网络分为分布式和集中式两种网络。

按信息交换方式的不同,可把计算机网络分为分组交换网、报文交换网、线路交换网和综合业务数字网等。

按网络环境的不同,可把计算机网络分为企业网、部门网和校园网等。

计算机网络还可按通信速率分为 3 类,即低速网、中速网和高速网。低速网的数据传输速率在 300 bps～1.4 Mbps 之间,系统通常是借助调制解调器利用电话网来实现。中速网的数据传输速率在 1.5～45 Mbps 之间,这种系统主要是传统的数字式公用数据网。高速网的数据传输速率在 50～1000 Mbps 之间。信息高速公路的数据传输速率将会更高,目前的 ATM 网的传输速率可达到 2.5 Gbps。

按网络配置分类,这主要是对客户机/服务器模式的网络进行分类。在这类系统中,根据互联计算机在网络中的作用的不同,可把计算机网络分为服务器和工作站两类。按配置的不同,可把计算机网络分为同类网、单服务器网和混合网,几乎所有客户机/服务器模式的网络都是这 3 种网络中的一种。网络中的服务器是指向其他计算机提供服务的计算机,工作站是接收服务器所提供服务的计算机。

按照传输介质带宽分类,计算机网络分为基带网络和宽带网络。数据的原始数字信号所固有的频带(没有加以调制的)叫基本频带,或称基带,这种原始的数字信号称为基带信号。数字数据直接用基带信号在信道中传输,称为基带传输,其网络称为基带网络。基带信号占用的频带宽,往往独占通信线路,不利于信道的复用,且抗干扰能力差,容易发生衰减和畸变,不利于远距离传输。

1.1.2　计算机网络的产生与发展

1.1.2.1　计算机网络的产生

在电器时代到来之前,还不具备发展远程通信的先决条件,所以通信事业的发展十分缓慢。从 19 世纪 40 年代到 20 世纪 30 年代,电磁技术广泛应用于通信领域,1835 年电报的发明和 1876 年电话的出现,为迅速传递信息提供了方便。从 20 世纪 30 年代到 60 年代,电子技术广泛应用于通信网络,出现了微波传输、电子多路通信网络和大西洋电话电缆。从 20 世纪 60 年代到 80 年代,计算机技术和通信技术相结合,形成了现代的计算机网络。1969 年,第一个远程分组交换网 ARPA-NET 问世,20 世纪 70 年代中期出现了局域网络,20 世纪 80 年代局域网络得到了飞速的发展。CCITT 建立了使用国际租用电路传输声音、数据的国际标准,ISO 制定了计算机网络的开放系统互联参考模型 OSI/RM。从 20 世纪 80 年代到 21 世纪初,计算机网络已发展成为社会重要的信息基础设施。

1.1.2.2　计算机网络的发展

1)计算机网络的发展简史

计算机网络发展大致可分为以下几个阶段。

(1)面向终端的计算机网络。第一代计算机网络是面向终端的脚手架网络。面向终端的计算机网络又称为联机系统,建于 20 世纪 50 年代初,是第一代计算机网络。它由一台主机和若干个终端组成,较典型的有 1963 年美国空军建立的半自动化地面防空系统(SAGE)。在这种联机方式中,主机是网络的中心和控制者,终端(键盘和显示器)分布在各处并与主机相连,用户通过本地的终端使用远程的主机。

分布在不同办公室,甚至不同地理位置的本地终端或者是远程终端通过公共电话网及相应的通信设备与一台计算机相连,登录到计算机上,使用该计算机上的资源,这就有了通信与计算机的结合。这种具有通信功能的单机系统或多机系统被称为第一代计算机网络——面向终端的计算机通信网,也是计算机网络的初级阶段。严格地讲,这不能算是网络,但它将计算机技术与通信技术相结合,可以让用户以终端方式与远程主机进行通信,所以我们将其视为计算机网络的雏形。

这里的单机系统是一台主机与一个或多个终端连接,在每个终端和主机之间都有一条专用的通信线路,这种系统的线路利用率比较低。当这种简单的单机联机系统连接大量的终端时,存在两个明显的缺点:一是主机系统负担过重;二是线路利用率低。为了提高通信线路的利用率和减轻主机的负担,在具有通信功能的多机系统中使用了集中器和前端机(Front End Processor,FEP)。集中器用于连接多个终端,让多台终端共用同一条通信线路与主机通信。前端机放在主机的前端,承担通信处理功能,以减轻主机的负担。

(2)计算机通信网络。第二代计算机网络是以共享资源为目的的计算机通信网络。面向终端的计算机网络只能在终端和主机之间进行通信,不同的主机之间无法通信。从 20 世纪 60 年代中期开始,出现了多个主机互联的系统,可以实现计算机和计算机之间的通信。真正意义上的计算机网络应该是计算机与计算机的互联,即通过通信线路将若干个自主的计算机连接起来的系统,称之为计算机—计算机网络,简称为计算机通信网络。

(3)计算机互联网络。随着广域网与局域网的发展以及微型计算机的广泛应用,使用大型机与中型机的主机—终端系统的用户减少,网络结构发生了巨大的变化。大量的微型计算机通过局域网接入广域网,而局域网与广域网、广域网与广域网的互联是通过路由器实现的。用户计算机需要通过校园网、企业网或 Internet 服务提供商(Internet Services Provider,ISP)接入地区主干网,地区主干网通过国家主干网联入国家间的高速主干网,这样就形成了一种由路由器互联的大型、层次结构的现代计算机网络,即互联网络,它是第三代计算机网络,是第二代计算机网络的延伸。计算机互联网络的简化结构如图 1-1 所示。

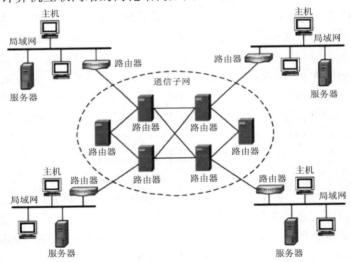

图 1-1　计算机互联网络结构

(4)高速互联网络。进入 20 世纪 90 年代,随着计算机网络技术的迅猛发展,特别是 1993 年美国宣布建立国家信息基础设施(National Information Infrastructure,NII)后,全世界许多国家都纷纷制定和建立本国的 NII,从而极大地推动了计算机网络技术的发展,使计算机网络的发展进入了一个崭新的阶段,这就是第四代计算机网络阶段,即高速互联网络阶段。

通常意义上的计算机互联网络是通过数据通信网络实现数据的通信和共享的,此时的计算机网络,基本上以电信网作为信息的载体,即计算机通过电信网络中的 X.25 网、DDN 网、帧中继网等传输信息。

随着互联网的迅猛发展,人们对远程教学、远程医疗、视频会议等多媒体应用的需求大幅度增加。这样,以传统电信网络为信息载体的计算机互联网络不能满足人们对网络速度的要求,促使网络由低速向高速、由共享到交换、由窄带向宽带方向迅速发展,即由传统的计算机互联网络向高速互联网络发展。

如今,以 IP 技术为核心的计算机网络(信息网络,也称高速互联网络)将成为网络(计算机网络和电信网络)的主体,信息传输、数据传输将成为网络的主要业务,一些传统的电信业务也将在信息网络上开通,但其业务量只占信息业务的很小一部分。

目前,全球以 Internet 为核心的高速计算机互联网络已形成,Internet 已经成为人类最重要的、最大的知识宝库。与第三代计算机网络相比,第四代计算机网络的特点是网络的高速化和业务的综合化。网络高速化可以有两个特征:网络宽频带和传输低时延。使用光纤等高速传输介质和高速网络技术,可实现网络的高速率;快速交换技术可保证传输的低时延。网络业务综合化是指一个网中综合了多种媒体(如语音、视频、图像和数据等)的信息,业务综合化的实现依赖于多媒体技术。

2)计算机网络的发展趋势

计算机网络的发展方向是 IP 技术＋光网络,光网络将会演进为全光网络。从网络的服务层面上看将是一个 IP 的世界,通信网络、计算机网络和有线电视网络将通过 IP 三网合一;从传送层面上看将是一个光的世界;从接入层面上看将是一个有线和无线的多元化世界。

(1)三网合一。目前广泛使用的网络有通信网络、计算机网络和有线电视网络。随着技术的不断发展,新的业务不断出现,新旧业务不断融合,作为其载体的各类网络也不断融合,使目前广泛使用的三类网络逐渐向单一统一的 IP 网络发展,即所谓的"三网合一"。

在 IP 网络中可将数据、语音、图像、视频均归结到 IP 数据包中,通过分组交换和路由技术,采用全球性寻址,使各种网络无缝连接,IP 协议将成为各种网络、各种业务的"共同语言",实现所谓的 Everything over IP。

实现"三网合一"并最终形成统一的 IP 网络后,传递数据、语音、视频只需要建造、维护一个网络,简化了管理,也会大大地节约开支,同时可提供集成服务,方便用户。可以说,"三网合一"是网络发展的一个最重要的趋势。

(2)光通信技术。光通信技术已有多年的历史。随着光器件、各种光复用技术和光网络协议的发展,光传输系统的容量已从 Mbps 级发展到 Tbps 级,提高了近100 万倍。

光通信技术的发展主要有两个大的方向：一是主干传输向高速率、大容量的 OTN 光传送网发展，最终实现全光网络；二是接入向低成本、综合接入、宽带化光纤接入网发展，最终实现光纤到家庭和光纤到桌面。全光网络是指光信息流在网络中的传输及交换始终以光的形式实现，不再需要经过光/电、电/光变换，即信息从源节点到目的节点的传输过程中始终在光域内。

（3）IPv6 协议。TCP/IP 协议族是互联网的基石之一，而 IP 协议是 TCP/IP 协议族的核心协议，是 TCP/IP 协议族中网络层的协议。IPv6 采用 128 位地址长度，几乎可以不受限制地提供地址。理论上约有 3.4×10^{38} 个 IP 地址，而地球的表面积以厘米为单位也仅有 5.1×10^{18} cm^2，即使按保守方法估算 IPv6 实际可分配的地址，每个平方厘米面积上也可分配到若干亿个 IP 地址。IPv6 除一劳永逸地解决了地址短缺问题外，同时也解决了 IPv4 中的其他缺陷，主要有端到端 IP 连接、服务质量（QoS）、安全性、多播、移动性、即插即用等。

（4）宽带接入技术。计算机网络必须要有宽带接入技术的支持，各种宽带服务与应用才有可能开展。因为只有接入网的带宽瓶颈问题得到解决，骨干网和城域网的容量潜力才能真正发挥。尽管当前宽带接入技术有很多种，但只要是不和光纤或光结合的技术，就很难在下一代网络中应用。目前，光纤到户（Fiber To The Home，FTTH）的成本已下降至可以为用户接受的程度。这里涉及两个新技术，一个是基于以太网的无源光网络（Ethernet Passive Optical Network，EPON）的光纤到户技术，另一个是自由空间光系统（Free Space Optical，FSO）。

由 EPON 支持的光纤到户正在异军突起，它能支持吉比特的数据传输速率，并且不久的将来其成本会降到与数字用户线路（Digital Subscriber Line，DSL）和光纤同轴电缆混合网（Hybrid Fiber Cable，HFC）相同的水平。

FSO 技术是通过大气而不是光纤传送光信号，它是光纤通信与无线电通信的结合。FSO 技术能提供接近光纤通信的速率，可达到 1 Gbps，它既在无线接入带宽上有了明显的突破，又不需要在稀有资源无线电频率上有很大的投资，因为不需要许可证。FSO 和光纤线路比较，系统不仅安装简便，时间少很多，而且成本也低很多。FSO 现已在企业和居民区得到应用，但是和固定无线接入一样，易受环境因素干扰。

（5）多种接入技术共存互补。目前，用于接入网的技术很多，包括甚高速数字用户线（Very—high—bit—rate Digital Subscriber Loop，VDSL）、光纤混合同轴电缆（Hybrid Fiber Coaxial，HFC）、宽带无线接入方式等。宽带无线接入是工作在 $20 \sim 40$ GHz 频段的本地多点分配业务（Local Multipoint Distribution Service，

LMDS)系统,可用带宽在 1 GHz 以上。在 2001 年 7 月,IEEE 802.16 工作小组提出了由近百家公司数次投票认定的新一代宽带无线接入(Broad—band Wireless Access,BWA)标准,这是一项针对微波及毫米波频段中新的空中接口标准,速率更可达 10 Mbit/s 以上。

　　另外,光纤接入+以太网的接入方式,是最普遍采用的一种组网方式,即光纤到小区、大楼,然后以五类线接入用户终端。这种以太网技术具有较好的性价比、可扩展性较强、易于安装开通等特点,可选容量为 10 Mbit/s、100 Mbit/s、1 Gbit/s 等多种等级。

　　宽带业务、宽带接入是一个很大的市场。接入网的基本特征与核心网大不相同,迄今并没有一种绝对的主导技术。尽管非对称数字用户线(Asymmetrical Digital Subscriber Line,ADSL)和 LAN 技术近来发展势头很猛,但从整体看,无论是 HFC、无线本地环(Wireless Local Loop,WLL)系统还是无源光网络(Passive Optical Network,PON),均是在不同的环境接入的不同部分,在不同的阶段扮演特定的角色。在相当长的时间内,接入网领域仍将呈现多种技术共存互补、竞争发展的基本态势。

　　但有一点是共同的,即面对多元化的接入技术,需要采用模块式结构公共的接入平台,诸如采用公共的用户线路卡、公共的开放网络接口和网管接口以及其他一些公共子系统,以简化网络结构和配置,减少重复的元部件,降低接入网成本,加快提供业务服务步伐。

1.2　计算机网络的拓扑结构

1.2.1　计算机网络拓扑结构的概念

　　计算机网络的拓扑结构(Topology)是指网络中的通信线路和各节点之间的几何排列,它用以表示网络的整体面貌,同时也反映了各个模块之间的结构关系。它影响着整个网络的设计、功能、可靠性和通信费用等多方面,是研究计算机网络的主要环节之一。

　　"拓扑"一词是用来将各种物体的位置表示成抽象位置。在网络中,拓扑结构可以形象地描述网络的安排和配置,包括各种节点和节点的相互关系。拓扑不关心事物的细节,也不在乎事物相互的比例关系,只将讨论范围内事物之间的相互关系表示出来,并将这些事物之间的关系通过图表示出来。

网络拓扑是由网络节点设备(包括计算机、集线器、交换机、网桥、路由器等)和传输介质构成的网络结构图。网络拓扑结构对网络采用的技术、网络的可靠性、网络的可维护性和网络的实施费用都有重大影响。

1.2.2 计算机网络拓扑结构的类型

1.2.2.1 星型拓扑

星型拓扑是由中央节点和通过点到点的通信链路接到中央节点的各个站点组成,如图 1-2 所示。当网络中任意两个节点进行通信时,发送节点都必须先将数据发向中心节点,然后由中心节点再发向接收节点。因此,中央节点执行集中式通信控制,是控制中心。

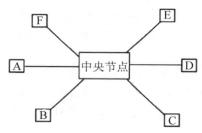

图 1-2 星型拓扑

星型拓扑的优点:

(1)控制简单。在星型网络中,每个节点都和中央节点相连接,因而媒体访问控制的方法非常简单,致使访问协议也十分简单。

(2)易诊断和隔离故障。当任意一条线路出现故障时,只影响这一线路上所在的节点,不会影响全网,并且可以一条一条地隔离开来进行故障检测和定位,从而容易发现和排除。

(3)方便服务。利用中央节点可方便地对各个站点提供服务和重新配置网络。

星型拓扑的缺点:

(1)每个站点都和中央节点直接连接,需要耗费大量的电缆,安装、维护的工作量增加。

(2)如果中央节点产生故障,则全网不能工作,网络的可靠性差。另外,中央节点的负担过重,在通信量很大的情况下,会形成通信的瓶颈。

1.2.2.2　总线型拓扑

总线型拓扑结构采用一个信道作为传输媒体，所有站点都直接连到这一公共传输媒体上，或称总线上。网络中的所有节点都通过总线进行信息交换，任何一个站点发送的信号都沿着传输媒体传播而且能被其他站接收，如图 1-3 所示。因为所有站点共享一条公用的传输信道，所以一次只能由一个设备传输信号。通常采用分布式控制策略来决定下一次哪一个站可以发送。当某站取得发送权后，便将报文分成组，然后依次发送这些分组，由目的站识别分组的目的地址，然后接收分组。因此，这种网络结构又称广播式计算机网络。

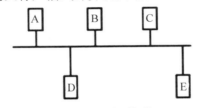

图 1-3　总线型拓扑

总线型拓扑的优点：结构简单，又是无源工作，因而可靠性高；易于扩充，增加或减少用户方便；所需的电缆少，布线、安装都比较方便，费用少。

总线型拓扑的缺点：系统覆盖范围受到限制，因为总线的长度都有限制，如同轴电缆一般在 2 km 以内；故障的诊断和隔离较困难；由于不是集中式控制，故障检测要逐站点进行，因此不容易诊断和隔离。

1.2.2.3　环型拓扑

环型拓扑是各个网络节点通过环接口连在一条首尾相接的闭合环型通信线路中，如图 1-4 所示。

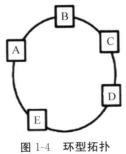

图 1-4　环型拓扑

　　每个节点设备只能与和它相邻的一个或两个节点设备直接通信。如果要与网络中的其他节点通信,数据需要依次经过两个通信节点之间的每个设备。环型网络既可以是单向的也可以是双向的。单向环型网络的数据绕着环向一个方向发送,数据所到达的环中的每个设备都将数据接收,经再生放大后将其转发出去,直到数据到达目标节点为止。双向环型网络中的数据能在两个方向上进行传输,因此设备可以和两个邻近节点直接通信。如果一个方向的环中断了,数据还可以在相反的方向在环中传输,最后到达其目标节点。

　　环型结构有两种类型,即单环结构和双环结构。令牌环(Token Ring)是单环结构的典型代表,光纤分布式数据接口(FDDI)是双环结构的典型代表。

　　环型拓扑具有如下特点:

　　(1)在环型网络中,各工作站间无主从关系,结构简单;信息流在网络中沿环单向传递,延迟固定,实时性较好。

　　(2)两个节点之间仅有唯一的路径,简化了路径选择,但可扩充性差。

　　(3)可靠性差,任何线路或节点的故障,都有可能引起全网故障,且故障检测困难。

1.2.2.4　树型拓扑

　　树型拓扑是由星型拓扑演变而来的,其实质是星型拓扑的层次堆叠,它的形状像一棵倒置的树,顶端是树根,树根以下带分支,每个分支下面还可以带分支,如图1-5所示。

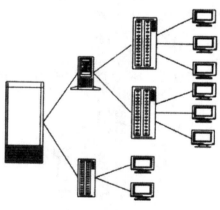

图 1-5　树型拓扑

　　当任意两个节点进行通信时,发送节点总是先将数据发向根节点,再通过根节点向全网发送。因此,树型拓扑的特点与星型拓扑类似。

树型拓扑的优点:易于扩展,从本质上讲,这种结构可以延伸出很多分支和子分支,这些新的节点和新的分支都较容易地加入网内;相对于总线型拓扑,通信线路较短,成本较低;故障隔离较容易,如果某一分支的节点或线路发生故障,容易将故障分支和整个系统隔离开来。

树型拓扑的缺点:结构相对复杂;各个节点对根的依赖性大,如果根发生故障,全网则不能正常工作(与星型拓扑相似);任一节点或连线的故障也会影响其所在支路的正常工作(与总线型拓扑相似)。

1.2.2.5 网型拓扑

网型拓扑是由分布在不同地点的节点经信道连成的网状结构,如图1-6所示。在网型拓扑中,每个节点至少有两条链路与其他节点相连。

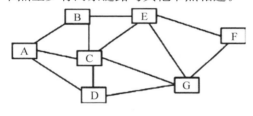

图1-6 网型拓扑

网型拓扑的优点:由于节点之间有许多条路径相连,可以为数据流的传输选择适当的路由,绕过失效的部件或过忙的节点,因此可靠性高;同时,数据报文在网络中从一个节点传输到另一个节点时,可以选择最佳的路径,以减少时延,改善流量分配,获得较好的性能,受到用户的欢迎。目前大型广域网都属于这种类型。

网型拓扑的缺点:结构比较复杂,成本比较高,为提供上述功能,其网络协议也比较复杂。

1.3 网络体系结构与网络协议

1.3.1 协议分层

1.3.1.1 计算机网络协议

一个计算机网络中的两台计算机要实现互通,就必须使它们采用相同的信息交换规则,如同两个人要进行对话交流,就需要使用双方都能理解的语言一样。在计算机网络中,用于规定信息的格式及如何发送和接收信息的一套规则称为网络协议(Network Protocol)或通信协议(Communication Protocol),它主要由语义、语法和时序 3 部分组成。

(1)语义。语义是对协议元素的含义进行解释,它规定通信双方彼此"讲什么",即确定通信双方要发出什么控制信息,执行的动作和返回的应答,主要涉及用于协调与差错处理的控制信息。不同类型的协议元素所规定的语义是不同的,如需要发出何种控制信息、完成何种动作以及得到的响应等。

(2)语法。语法,即用户数据与控制信息的结构与格式等,它规定通信双方彼此"如何讲",即确定协议元素的格式,主要涉及数据及控制信息的格式,编码及信号电平,将若干个协议元素和数据组合在一起用来表达一个完整的结构与格式等。

(3)时序。时序规定信息交流的次序,主要涉及传输速度匹配和排序等。在双方进行通信时,发送点发出的一个数据报文,如果目标点正确收到,则回答源点接收正确;若接收到错误信息,则要求源点要重发一次。

由此可以看出,计算机网络协议实质上是网络通信时所使用的一种语言。

1.3.1.2 网络体系结构

由于不同系统之间的相互通信是建立在各个层次实体之间互通的基础上,因此一个系统的通信协议是各个层次通信协议的集合。计算机网络分成若干层来实现,每层都有自己的协议。将计算机网络的层次结构模型及其协议的集合,称为网络的体系结构。

在层次网络体系结构中,每一层协议的基本功能都是实现与另一个层次结构中对等实体间的通信,所以称之为对等层协议。另外,每层协议还要提供与相邻上层协议的服务接口。体系结构的描述必须包含足够的信息,使实现者可以为每一层编写程序和设计硬件,并使之符合有关协议。

网络的体系结构具有以下一些特点:

(1)以功能作为划分层次的基础。

(2)第 n 层的实体在实现自身定义的功能时,只能使用第 $n-1$ 层提供的服务。

(3)第 n 层在向第 $n+1$ 层提供服务时,此服务不仅包含第 n 层本身的功能,还包含由下层服务提供的功能。

(4)仅在相邻层间有接口,且所提供服务的具体实现细节对上一层完全屏蔽。

1.3.1.3 分层结构的意义

由于计算机网络的复杂性,很难使用一个单一协议来为网络中的所有通信规定一套完整规则,因此普遍的做法是将通信问题划分为许多小问题,然后为每个小问题设计一个单独的协议,从而使得每个协议的设计、分析、编码和测试都变得容易,这就是网络体系结构设计中通常采用的分层思想。计算机网络分层的一般思想是先从最基本的硬件提供的服务开始,然后增加一系列的层,每一层都提供更高一级的服务,高层提供的服务用低层提供的服务来实现。采用分层结构能将众多不同功能、不同配置及不同使用方式的终端设备和计算机互联起来共享资源,减少了设计的复杂性。

为了对分层的概念有更深入的了解,下面以邮政通信系统为实例加以说明。一个邮政通信系统是由用户(写信人和收信人)、邮政局、邮政运输部门和运输工具组成的,因此我们可以将邮政通信系统按功能分为4层,即用户、邮政局、邮政运输部门和运输工具,每层的分工明确,功能独立,如图1-7所示。

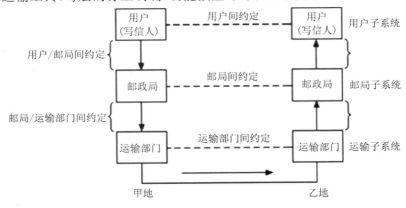

图 1-7 邮政系统的分层模型

分层之后,还需要在对等层之间约定一些通信规则,即"对等层协议"。例如,通信双方写信时,都有一个约定,就是两个人都能看懂中文,这样对方收到信后才能看懂信中的内容。此外,一个邮局将用户的信件收集后,要进行分检和打包等操作,而这些分检和打包等规则必须在邮局之间事先协商好,这就是邮政局层的协议。同样,在运输部门之间也应有一致的协议。

当信写好之后,把信纸装在信封里,信封上按中国邮政规定顺序写上收信人的邮政编码、地址、姓名及发信人的地址、姓名和邮政编码,贴好邮票后把这封信投入邮筒。这封信是如何传递到乙地呢？一般用户不考虑这个问题，而把它交给邮政系统去处理。由此可以看出，寄信人和邮局之间要有一些约定，这些约定就是所谓相邻层之间的"接口"。邮局将信件打包好交付有关运输部门进行运输，如航空信交给民航、平信交给铁路或公路运输部门等。这时，邮局和运输部门也存在着"接口"问题，如到站地点、时间、包装形式等。信件运送到目的地后进行相反的过程，最终将信件送到收信人手中，收信人依照约定的格式才能读懂信件。

从一个邮件的传输过程可以看出，虽然两个用户、两个邮局、两个运输部门分处甲、乙两地，但它们都分别对应同等机构，即所谓的"对等层实体"；而同处一地的不同机构则是上下层关系，存在着服务与被服务的关系。显然，前者是相同部门内部的约定，称为协议；而后者是不同部门之间的约定，称为接口（Interface）。

采用分层后的网络系统结构主要有两个优点。首先，它将建造一个网络的问题分解为多个可处理的部分，不必把希望实现的所有功能都集中在一个软件中，而是可以分成几层，每一层解决一部分问题。其次，它提供了一种更为模块化的设计。如果你想要加一些新的服务上去，只需要修改一层的功能，而继续使用其他层提供的服务。

1.3.2　开放系统互连参考模型

OSI/RM 参考模型是由国际标准化组织 ISO 提出的，是为了使世界范围内的各种计算机能够互联在一起的标准模型。开放系统互联参考模型 OSI/RM 简称 OSI。"开放"是指不论是何种计算机，不论是在世界的任何地方，不论是哪个厂家生产的网络产品，只要遵循 OSI 标准，就可以实现互联而正常通信。

OSI/RM 参考模型具有 7 层结构，由低到高分别为物理层、数据链路层、网络层、传输层、会话层、表示层、应用层，如图 1-8 所示。下面详细阐述每一层的功能。

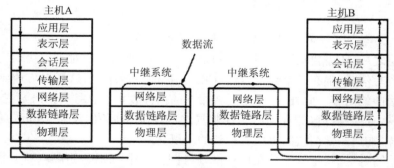

图 1-8　OSI 参考模型的层次结构

1.3.2.1 物理层

物理层(Physical Layer)的主要功能是完成原始的数据以比特流的形式在物理媒体上传输。物理层协议关心的典型问题是:使用什么样的物理信号来表示数据"1"和"0",持续的时间多长(但是具体的每一个比特代表何种意思,不是物理层所管的),数据是否可以进行全双工或半双工的比特流的传输,节点间的连接如何建立和维持,完成通信后如何将连接终止释放、物理接口(插头和插座)有多少针以及各针的用处。

物理层的设计主要涉及物理层接口的机械、电气、功能和过程特性,以及物理层接口连接的传输介质等问题。

1.3.2.2 数据链路层

数据链路层(Data Link Layer)的主要功能是如何在不可靠的物理线路上进行数据的可靠传输,使之对网络层看起来好像是一条无差错的链路。

为了保证数据的可靠传输,发送方把用户数据封装成若干数据帧(Data Frame),每个帧由数据和控制信息组成,并按顺序传送各帧。由于物理线路不可靠,因此发送方发出的数据帧有可能在线路上发生出错或丢失,从而导致接收方不能正确接收到数据帧。一旦接收方发现接收到的数据有错,则发送方必须重传这一帧数据,直到接收节点收到正确的数据帧为止。然而,相同帧的多次传送也可能使接收方收到重复帧。比如,接收方给发送方的确认帧被破坏后,发送方也会重传上一帧,此时接收方就可能接收到重复帧。数据链路层必须解决由于帧的损坏、丢失和重复所带来的问题。

数据链路层要解决的另一个问题是流量控制的问题,即发送方的发送数据的速率大于接收方的接收速率,就会使接收方的缓存溢出,使数据丢失。因此,需要有一定的流量控制机制,由接收方当前所剩缓存空间的大小来决定发送方的数据发送。

在互联网络中,数据链路层负责主机-IMP(接口信息处理机)、IMP-IMP之间数据的可靠传送。

1.3.2.3 网络层

网络层(Network Layer)的主要功能是解决网络与网络之间即网际的报文传输,而不是同一网段内部的事。在网络层,数据的单元是分组或包(Packet)的。其关键问题之一是使用数据链路层的服务将每个分组从源端传输到目的端。在点对点连接的通信子网中,分组从源节点出发,要经过若干个中继节点的存储转发后,才能到达目的节点。通信子网中的路径是指从源节点到目的节点之间的一条通路,一般在两个节点之间都会有多条路径选择。需要选择合适路由:在通信子网中选取一条路径,要求这条路径经过尽可能少的 IMP。如果在子网中同时出现过多的分组,子网可能形成拥塞,必须加以避免,此类控制也属于网络层的内容。另外,当一条物理信道建立之后,被一对用户使用,往往有许多空闲时间被浪费掉。人们自然会希望让多对用户共用一条链路,为解决这一问题就出现了逻辑信道共享技术和虚拟电路技术。

当分组不得不跨越两个或多个网络时,又会产生很多新问题。多个网络的寻址方法可能不同,每个网络也可能因为分组的原则不同导致网络接收到的分组无法识别而不能接收,两个网络使用的协议也可能不同,等等。网络层必须解决这些问题,使异构网络能够互联。

在单个局域网中,选择路由问题很简单,分组是直接从一台计算机传送到另一台计算机的,因此网络层所要做的工作很少。

1.3.2.4 传输层

传输层(Transport Layer)又称运输层,是 OSI 参考模型的 7 层中比较特殊的一层,同时也是整个网络体系结构中十分关键的一层。传输层的主要功能是在源主机进程之间提供可靠的端到端通信。

物理层、数据链路层和网络层是面向网络通信的。传输层从会话层接收数据,划分成若干报文后传递给网络层,并确保传输连接是一条无差错的、按顺序传送数据的管道,即传输层连接是真正端到端的。换言之,源主机上的某进程,利用报文头和控制报文与目标主机上的对等进程进行对话。在通信子网中,各层协议是直接相邻的节点之间(主机-IMP、IMP-IMP)的协议,而源主机和目标主机之间(主机-主机)可能还隔着多个 IMP 协议。传输层的协议是源主机和目标主机之间的协议,即低三层的协议是点到点的协议,而高三层的协议是端到端的协议。

从某种意义上说,传输层使得通信子网对于端到端用户是透明的,向高层用户屏蔽了通信子网的细节。会话层不必考虑实际网络的结构属性、连接方式等实现的细节。

由于绝大多数主机都支持多用户操作,允许与多个主机进行通信,因而机器上有多道程序,这意味着多条连接将进出于这些主机,因此需要以某种方式区别报文属于哪条连接。识别这些连接的信息可以放入传输层的报文头中。此外,为了节省一些费用需要将多个传输连接复用到一条通道上。对于传输层来说,高层用户对传输服务质量要求是确定的,传输层协议内容取决于网络层所提供的服务。如果网络层提供虚电路服务,它可以保证报文分组无差错、不丢失、不重复和顺序传输。在这种情况下,传输层协议相对要简单些。但是传输层也是必不可少的,因为虚电路仍不能保证通信子网传输百分之百正确。如果网络层使用数据报方式,则传输层的协议将要变得更复杂。

传输层还必须管理跨网连接的建立和拆除。这就需要某种命名机制,使机器内的进程能够讲明它希望交谈的对象。此外,还需要有一种机制来调节数据流量,使低速主机总来得及接收高速主机传送的数据。

1.3.2.5　会话层

会话层(Session Layer)不参与数据的传输,主要是向会话的应用进程之间提供会话组织和同步服务,对数据的传送提供控制和管理,以达到协调会话过程,为表示层实体提供更好服务的目的。

会话层提供的服务之一是管理对话控制。在已经建立会话连接上的正常数据交换方式是双工方式。会话层允许用户同时定义另外两种工作方式:单工通信与半双工方式。若是半双工方式,会话层将记录此时该轮到哪一方。一种与对话控制有关的服务是令牌管理(Token Management)。有些协议保证双方不能同时进行同样的操作,这一点很重要。实现对话管理的方法是使用数据令牌,令牌是会话连接的一个属性,可以在双方互相交互,它表示会话服务用户对某种服务的独占使用权,只有拥有令牌的用户可以发送数据,另一方必须保持沉默。另一种会话层服务是同步。所谓同步,就是使会话服务用户对会话的进展情况有一致的了解,在两个用户会话过程采取的预防措施,当传输连接出现故障时,整个会话活动不需要全部重复一遍。这种会话进程的了解是通过设置同步点来获得的。会话层允许会话用户在传输的数据中自由设置同步点,并对每个同步点设置同步序号,用以识别和管理同步点,这些同步点是插在用户数据流中一起传送给对方的。每一次故障以后,仅需要重传最后一个检查点以后的数据。

1.3.2.6　表示层

表示层(Presentation Layer)以下各层只关心从源端机到目标机可靠地传送

比特,而表示层关心的则是所传送的信息的语法和语义。由于各种计算机都可能有各自的数据描述方法,所以不同类型的计算机之间交换的数据,一般需经过格式转换才能保证其意义不变。表示层要解决的问题是如何选择一种数据结构并使之与具体的机器无关,其作用是对源站内部的数据结构进行编码,使之形成适合于传输的比特流,到了目的站再进行解码,转换成用户所要求的格式。表示层服务的一个典型例子是用一种大家一致选定的标准方法对数据进行编码。大多数用户程序之间并非交换随机的比特,而是交换诸如人名、日期、货币数量和发票之类的信息。这些对象是用字符串、整型数、浮点数的形式,以及由几种简单类型组成的数据结构来表示。

网络上计算机可能采用不同的数据表示,所以需要在数据传输时进行数据格式的转换。例如,在不同的机器上常用不同的代码来表示字符串,IBM 公司的主机广泛使用 EBCDIC 码,而其他大多数厂商的计算机则使用 ASCII 码,大多数微型机用 16 位或 32 位整数的补码运算以及机器字的不同字节顺序等。为了让采用不同数据表示法的计算机之间能够相互通信并交换数据,人们在通信过程中采用了相互承认的抽象语法(如抽象语法表示 ASN.1)来表示传送的数据,而在机器内部仍然采用各自的标准编码。为了进行数据的传输,必须进行数据表示方式的转换。可以在发送方转换,也可以在接收方转换,或者双方都向一种标准格式转换。另外,表示层还涉及数据压缩和解压、数据加密和解密等工作。

1.3.2.7 应用层

应用层(Application Layer)包含人们普遍需要的大量协议。计算机间的网络通信主要是不同计算机的进程之间的通信,而这些进程则是为用户完成不同任务而设计的。因而对应用进程所进行的抽象只保留了应用进程与应用进程间交互行为的有关部分。这种现象实际上是对应用进程某种程度上的简化。经过抽象后的应用进程就是应用实体 AE(Application Entity),对等到应用实体间的通信使用应用协议。应用协议的种类繁多,差别很大,有的涉及多个实体或多个系统。

应用层的一个功能是虚拟终端。由于目前现有的实终端种类太多,具有的功能也不利于终端功能的扩充,ISO 提出了虚拟终端的概念。虚拟终端方法就是对终端访问中的公共功能引进一个抽象模型,然后用该模型来定义一组通信服务以支持分布式的终端服务。这就需要在虚拟终端服务与本地终端访问方式之间建立映射,使实终端可在 OSI 环境中以虚拟终端方式进行通信。例如,PC 机用户使用仿真终端软件通过网络仿真某个远程主机的终端并使用该远程主机的资源。这个仿真终端程序使用虚拟终端协议将键盘输入的数据传送到主机的操作系统,并接收显示于屏幕的数据。

　　另一个功能是文件传输、访问和管理(FTAM)功能。当某个用户想要获得远程计算机上的一个文件拷贝时,他要向本机的文件传输软件发出请求,这个软件与远程计算机上的文件传输进程通过文件传输协议进行通信。一个具有通用目的的文件传输协议必须考虑异种机的环境,因为不同的系统可能有不同的文件夹格式和结构。为了解决不同文件夹结构之间的映射、转换问题,可以采用一种通用的虚拟文件结构——虚拟文件夹,使文件传输系统中交换的只是虚拟文件,而在端系统则对虚拟文件格式和本地文件格式实施一种局部的转换。

　　此外还有电子邮件、公共管理信息、事务处理、远程数据库访问、制造业报文规范、目录服务、报文处理系统等功能。

　　数据通信时,发送进程的数据从应用层开始向下层传输,当数据传输到每一层时,各层协议都要为数据加上相应的控制信息和管理信息,形成新的数据后,再传输给下一层,直到物理层数据以比特流的形式传输到接收端。在接收端,物理层将接收到的数据依次上传给上层,每层协议将接收到的数据去掉控制信息或管理信息后,将数据上交给上层直到应用层,最后提交给接收进程。其数据流的传输过程如图 1-9 所示。

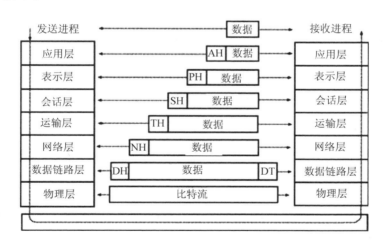

图 1-9　OSI 数据流的工作过程

1.3.3 TCP/IP 参考模型

1.3.3.1 TCP/IP 参考模型的发展

在论述了 OSI 参考模型的基本内容后,我们要回到现实的网络技术发展状况中来。OSI 参考模型研究的初衷是希望为网络体系结构与协议的发展提供一种国际标准。但是,我们应看到 Internet 在全世界的飞速发展,以及 TCP/IP 协议的广泛应用对网络技术发展的影响。

ARPANET 是最早出现的计算机网络之一,现代计算机网络的很多概念与方法都是从它的基础上发展出来的。美国国防部高级研究计划局(ARPA)提出 AR-PANET 研究计划的要求是:在战争中,如果它的主机、通信控制处理机与通信线路的某些部分遭到攻击而损坏,那么其他部分还能够正常工作;同时,还希望适应从文件传送到实时数据传输的各种应用需求。因此,它要求的是一种灵活的网络体系结构,能够实现异型网络的互联(Interconnection)与互通(Intercommunication)。

最初,ARPANET 使用的是租用线路。当卫星通信系统与通信网发展起来之后,ARPANET 最初开发的网络协议使用在通信可靠性较差的通信子网中出现了不少问题,这就导致了新的网络协议 TCP/IP 的出现。虽然 TCP/IP 协议都不是 OSI 标准,但它们是目前最流行的商业化协议,并被公认为当前的工业标准或"事实上的标准"。在 TCP/IP 协议出现后,出现了 TCP/IP 参考模型。1974 年 Kahn 定义了最早的 TCP/IP 参考模型,1985 年 Leiner 等人进一步对它开展了研究,1988 年 Clark 在参考模型出现后对其设计思想进行了改进。

Internet 上的 TCP/IP 协议之所以能够迅速发展,不仅因为它是美国军方指定使用的协议,更重要的是,它恰恰适应了世界范围内的数据通信的需要。TCP/IP 协议具有以下几个特点:

(1)开放的协议标准,可以免费使用,并且独立于特定的计算机硬件与操作系统。

(2)独立于特定的网络硬件,可以运行在局域网、广域网,更适用于互联网。

(3)统一的网络地址分配方案,使得整个 TCP/IP 设备在网中都具有唯一的地址。

(4)标准化的高层协议,可以提供多种可靠的用户服务。

1.3.3.2　TCP/IP 参考模型各层的功能

在如何用分层模型描述 TCP/IP 参考模型的问题上争论很多,但共同的观点是 TCP/IP 参考模型的层次数比 OSI 参考模型的 7 层要少。TCP/IP 参考模型与 OSI 参考模型的层次对应关系如图 1-10 所示。

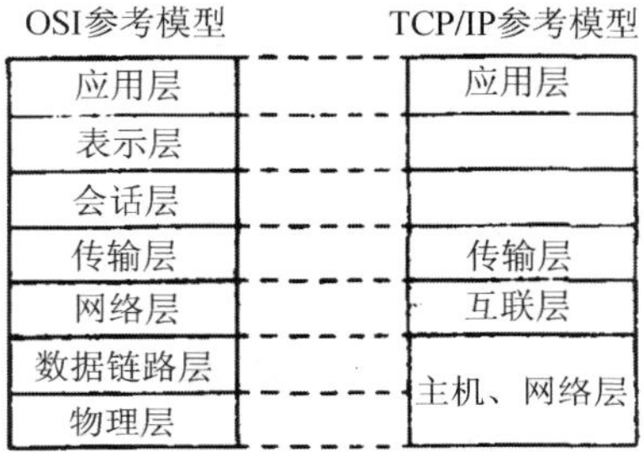

OSI参考模型　　　　　　　　　TCP/IP参考模型

OSI参考模型		TCP/IP参考模型
应用层		应用层
表示层		
会话层		
传输层		传输层
网络层		互联层
数据链路层		主机、网络层
物理层		

图 1-10　TCP/IP 参考模型与 OSI 参考模型层次对应关系

TCP/IP 参考模型可以分为以下 4 个层次:

1)应用层(Application Layer)

在 TCP/IP 参考模型中,应用层是参考模型的最高层。应用层包括了所有的高层协议,并且总是不断有新的协议加入。目前,应用层协议主要有以下几种:

(1)网络终端协议(Telnet)。实现互联网中的远程登录功能。

(2)文件传输协议(File Transfer Protocol,FTP)。实现互联网中的交互式文件传输功能。

(3)简单邮件传输协议(Simple Mail Transfer Protocol,SMTP)。实现互联网中的电子邮件传送功能。

(4)域名系统(Domain Name System,DNS)。实现网络设备名字到 IP 地址映射的网络服务。

(5)简单网络管理协议(Simple Network Management Protocol,SNMP)。管理与监视网络设备。

(6)路由信息协议(Routing Information Protocol,RIP)。在网络设备之间交换路由信息。

(7)网络文件系统(Network File System,NFS)。实现网络中不同主机间的文件共享。

(8)超文本传输协议(Hypertext Transfer Protocol,HTTP)。用于 WWW 服务。

应用层协议可以分为 3 类:一类依赖于面向连接的 TCP 协议;一类依赖于面

向连接的 UDP 协议;而另一类则既可依赖于 TCP 协议,也可依赖于 UDP 协议。其中,依赖 TCP 协议的主要有网络终端协议、电子邮件协议、文件传输协议等,依赖 UDP 协议的主要有简单网络管理协议、简单文件传输协议等,既依赖 TCP 协议又依赖 UDP 协议的主要有域名系统等。

2)传输层(Transport Layer)

在 TCP/IP 参考模型中,传输层是参考模型的第 3 层,它负责在应用进程之间的端—端通信。传输层的主要目的:在互联网中,源主机与目的主机的对等实体间建立用于会话的端—端连接。从这一点上讲,TCP/IP 参考模型的传输层与 OSI 参考模型的传输层功能是相似的。

在 TCP/IP 参考模型的传输层,定义了以下两种协议:

(1)传输控制协议(Transport Control Protocol,TCP)。TCP 协议是一种可靠的面向连接的协议,它允许将一台主机的字节流无差错地传送到目的主机。TCP 协议将应用层的字节流分成多个字节段,然后将一个个的字节段传送到互联层,发送到目的主机。当互联层将接收到的字节段传送给传输层时,传输层再将多个字节段还原成字节流传送到应用层。TCP 协议同时要完成流量控制功能,协调收发双方的发送与接收速度,达到正确传输的目的。

(2)用户数据报协议(User Datagram Protocol,UDP)。UDP 协议是一种不可靠的无连接协议,它主要用于不要求分组顺序到达的传输中,分组传输顺序检查与排序由应用层完成。

3)互联层(Internet Layer)

在 TCP/IP 参考模型中,互联层是参考模型的第 2 层,它相当于 OSI 参考模型网络层的无连接网络服务。互联层负责将源主机的报文分组发送到目的主机,源主机与目的主机可以在一个网上,也可以在不同的网上。

互联层的主要功能包括以下几点:

(1)接收到分组发送请求后,将分组装入 IP 数据报,填充报头并选择发送路径,然后将数据报发送到相应的网络输出线路。

(2)接收到其他主机发送的数据报后,需要检查目的地址,如需要转发,则选择发送路径,并转发出去;如目的地址为本节点 IP 地址,则除去报头,并将分组交送传输层处理。

(3)处理互联的路径、流量控制与拥塞问题。

4)主机—网络层(Host—to—Network Layer)

在 TCP/IP 参考模型中,主机—网络层是参考模型的最低层,它负责通过网络发送和接收 IP 数据报。TCP/IP 参考模型允许主机连入网络时使用多种现成与流行的协议,如局域网协议或其他一些协议。

在 TCP/IP 的主机—网络层中,包括各种物理网协议,如局域网的 Ethernet、局域网的令牌环、分组交换网的 X.25 等。当这种物理网作为传送 IP 数据包的通道时,就可以认为是这一层的内容。这体现了 TCP/IP 协议的兼容性与适应性,也为 TCP/IP 的成功奠定了基础。

其中,TCP/IP 参考模型的应用层与 OSI 参考模型的应用层相对应;TCP/IP 参考模型的传输层与 OSI 参考模型的传输层相对应;TCP/IP 参考模型的互联层与 OSI 参考模型的网络层相对应;TCP/IP 参考模型的主机—网络层与 OSI 参考模型的数据链路层和物理层相对应;在 TCP/IP 参考模型中,对 OSI 参考模型的表示层、会话层没有对应的协议。

第 2 章　网络接入技术

　　随着目前我国信息技术产业的快速发展,互联网技术逐渐走进了人们的日常生活中,并在人类的工作、学习、娱乐、文化等多个领域都产生了极其深远的影响。与此同时,与之相伴的网络接入技术也有了长足的发展与进步。我国是全球最大的单一互联网市场,网民数量位居世界第一,同时对于各种网络接入技术的要求也越来越高,无论是从市场规模还是技术需求来看,网络接入技术在我国都有着广阔的市场发展前景。本章主要研究宽带接入技术、光纤接入技术、无线接入技术。

2.1　宽带接入技术

2.1.1　混合光纤同轴接入网 HFC

2.1.1.1　HFC 的概念

　　混合光纤同轴接入网(HFC)是 1994 年 AT&T 公司提出的一种宽带接入方式,是在有线电视网 CATV 的基础上发展起来的,除可以提供原 CATV 网提供的业务外,还能提供数据和其他交互型业务,也被称作全业务网。

　　HFC 是对 CATV 的一种改造。在干线部分用光纤代替同轴电缆传输信号,配线网部分仍然保留原来的同轴电缆网,但是这部分同轴电缆网还负责收集用户的上传数据,并通过放大器和干线光纤送到前端。HFC 和 CATV 的一个根本区别就是:HFC 提供双向通信业务,而 CATV 只提供单向通信业务。

2.1.1.2　HFC 接入网的特点

　　HFC 接入网可传输多种业务,具有较为广阔的应用领域,尤其是目前绝大多数用户终端均为模拟设备(如电视机),与 HFC 的传输方式能够较好地兼容。

　　1)传输频带较宽

　　HFC 具有双绞铜线无法比拟的传输带宽,它的分配网络的主干部分采用光纤,其间可以用光分路器将光信号分配到各个服务区,在光节点处完成光/电变换,再用同轴电缆将信号分送到各用户家中,这种方式兼顾到提供宽带业务所需带宽及节省建立网络开支两个方面的因素。

　　2)与目前的用户设备兼容

　　HFC 网的最后一段是同轴网,它本身就是一个 CATV 网,因而视频信号可以直接进入用户的电视机,以保证现在大量的模拟终端可以使用。

　　3)支持宽带业务

　　HFC 网支持全部现有的和发展的窄带及宽带业务,可以很方便地将语音、高速数据及视频信号经调制后送出,从而提供了简单的、能直接过渡到 FTTH 的演变方式。

　　4)成本较低

　　HFC 网的建设可以在原有网络基础上改造,根据各类业务的需求逐渐将网络升级。例如,若想在原有 CATV 业务基础上增设电话业务,只需安装一个设备前端,以分离 CATV 和电话信号,而且何时需要何时安装,十分方便与简洁。

　　5)全业务网

　　HFC 网的目标是能够提供各种类型的模拟和数字通信业务,包括有线和无线、数据和语音、多媒体业务等,即全业务网。

2.1.1.3　HFC 的系统结构

　　HFC 接入网是一种以模拟频分复用技术为基础,综合应用模拟和数字传输技术、光纤和同轴电缆技术、射频技术以及高度分布式智能技术的宽带接入网络,是 CATV 网和电信网结合的产物,也是将光纤逐渐推向用户的一种新的经济的演进策略。

　　HFC 的系统结构如图 2-1 所示。它由馈线网、配线网和用户引入线三部分组成。

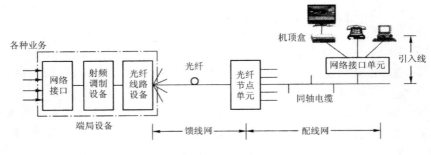

图 2-1 典型 HFC 网络结构

与传统 CATV 网相比,HFC 网络结构无论从物理上还是逻辑拓扑上都有重要变化,现代 HFC 网大多采用星型/总线结构。

馈线网是指前端机至服务区光纤节点之间的部分,大致相当于 CATV 的干线段,由光缆线路组成,多采用星型结构。

配线网是指服务区光纤节点与分支点之间的部分,类似于 CATV 网中的树型同轴电缆网。在一般光纤网络中服务区越小,各个用户可用的双向通信带宽越宽,通信质量也越好。但是,服务区小意味着光纤靠近用户,即成本上升。HFC 采用的是光纤和同轴电缆的混合接入,因此要选择一个最佳点。

引入线是指分支点至用户之间的部分,因而与传统的 CATV 网相同。

目前,较为适宜的是在配线部分和引入线部分采用同轴电缆,光纤主要用于干线段。

HFC 采用副载波调制进行传输,以频分复用方式实现语音、数据和视频图像的一体化传输,其最大的特点是技术上比较成熟、价格比较低廉,同时可实现宽带传输,能适应今后一段时间内的业务需求而逐步向 FTTH(光纤到用户)过渡。无论是数字信号还是模拟信号,只要经过适当的调制和解调,都可以在该透明通道中传输,有很好的兼容性。

2.1.2 数字用户线接入(xDSL)

2.1.2.1 非对称数字用户线(ADSL)技术

随着基于 IP 的互联网在世界的普及应用,具有宽带特点的各种业务,如 Web 浏览、远程教学、视频点播和电视会议等业务越来越受欢迎,这些业务除了具有宽带的特点外,还有一个特点就是上下行数据流量不对称,在这种情况下,一种采用频分复用方式实现上下行速率不对称的传输技术——非对称数字用户线(ADSL)由美国 Bellcore 提出,并在 1989 年以后得到迅速发展。

1)ADSL 的调制技术

ADSL 先后采用多种调制技术,如正交幅度调制(QAM)、无载波幅度相位调制(CAP)和离散多音频(DMT)调制技术,其中 DMT 是 ADSL 的标准线路编码,而 QAM 和 CAP 还处于标准化阶段,因此下面主要介绍 DMT 离散多音频调制技术。

DMT 技术是一种多载波调制技术,它利用数字信号处理技术,根据铜线回路的衰减特性,自适应地调整参数,使误码和串音达到最小,从而使回路的通信容量最大。具体应用中,它把 ADSL 分离器以外的可用带宽(10 kHz～1 MHz 以上)划分为 255 个带宽为 4 kHz 的子信道,每个子信道相互独立,通过增加子信道的数目和每个子信道中承载的比特数目可以提高传输速率,即把输入数据自适应地分配到每个子信道上。如果某个子信道无法承载数据,就简单地关闭;对于能够承载传送数据的子信道,根据其瞬时特性,在一个码元包络内传送数量不等的信息,这种动态分配数据的技术可有效提高频带平均传信率。

2)ADSL 的系统结构

(1)系统构成。ADSL 的系统构成如图 2-2 所示,它是在一对普通铜线两端,各加装一台 ADSL 局端设备和远端设备而构成。它除了向用户提供一路普通电话业务外,还能向用户提供一个中速双工数据通信通道(速率可达 576 kbit/s)和一个高速单工下行数据传送通道(速率可达 6～8 Mbit/s)。

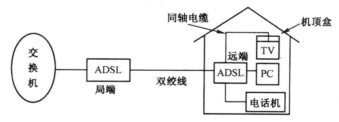

图 2-2　ADSL 系统结构

ADSL 系统的核心是 ADSL 收发信机(即局端机和远端机),其原理框图如图 2-3 所示。应当注意,局端的 ADSL 收发信机结构与用户端的不同,局端 ADSL 收发信机中的复用器(MULtiplexer,MUL)将下行高速数据与中速数据进行复接,经前向纠错(Forward Error Correction,FEC)编码后送发信单元进行调制处理,最后经线路耦合器送到铜线上;线路耦合器将来自铜线的上行数据信号分离出来,经接收单元解调和 FEC 解码处理,恢复上行中速数据;线路耦合器还完成普通电话业务(POTS)信号的收、发耦合。用户端 ADSL 收发信机中的线路耦合器将来自铜线的下行数据信号分离出来,经接收单元解调和 FEC 解码处理,送分路器(DMUL)进行分路处理,恢复出下行高速数据和中速数据,分别送给不同的终端设备。来自用户终端设备的上行数据经 FEC 编码和发信单元的调制处理,通过线路耦合器送到铜线上,普通电话业务经线路耦合器进、出铜线。

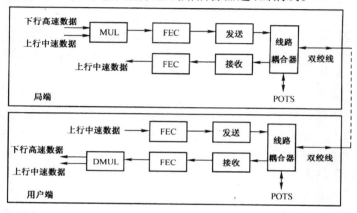

图 2-3　ADSL 收发信机原理

　　(2)传输带宽。ADSL 基本上是运用频分复用(FDM)或是回波抵消(EC)技术,将 ADSL 信号分割为多重信道。简单地说,一条 ADSL 线路(一条 ADSL 物理信道)可以分割为多条逻辑信道。图 2-4 为这两种技术对带宽的处理。由图 2-4(a)可知,ADSL 系统是按 FDM 方式工作的。POTS 信道占据原来 4 kHz 以下的电话频段,上行数字信道占据 25～200 kHz 的中间频段(约 175 kHz),下行数字信道占据 200 kHz～1.1 MHz 的高端频段。

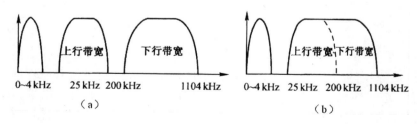

图 2-4　ADSL 的带宽分割方式

频分复用法将带宽分为两部分,分别分配给上行方向的数据以及下行方向的数据使用。然后,再运用时分复用(Time Division Multiplexing,TDM)技术将下载部分的带宽分为一个以上的高速次信道(AS0,AS1,AS2,AS3)和一个以上的低速次信道(LS0,LS1,LS2),上传部分的带宽分割为一个以上的低速信道(LS0,LS1,LS2,对应于下行方向),这些次信道的数目最多为 7 个。FDM 方式的缺点是下行信号占据的频带较宽,而铜线的衰减随频率的升高迅速增大,因此,其传输距离有较大局限性。为了延长传输距离,需要压缩信号带宽。一种常用的方法是将高速下行数字信道与上行数字信道的频段重叠使用,两者之间的干扰用非对称回波抵消器予以消除。

由图 2-4(b)可见,回波抵消技术是将上行带宽与下行带宽产生重叠,再以局部回波消除的方法将两个不同方向的传输带宽分离,这种技术也用在一些模拟调制解调器上。

美国国家标准学会(ANSI)TI.413−1998 规定,ADSL 的下行(载)速度须支持 32 kbit/s 的倍数,32 kbit/s~6.144 Mbit/s,上行(传)速度须支持 16 kbit/s 以及 32 kbit/s 的倍数,32 kbit/s~640 kbit/s。但现实的 ADSL 最高则可提供约 1.5 Mbit/s 至 9 Mbit/s 的下载传输速度,以及 640 kbit/s~1.536 Mbit/s 的上传传输速度,视线路的长度而定,也就是从用户到网络服务提供商(Network Service Provider,NSP)距离对传输的速度有绝对的影响。ANSI TI.413 规定,ADSL 在传输距离为 2.7~3.7 km 时,下行速率为 6~8 Mbit/s,上行速率为 1.5 Mbit/s(和铜线的规格有关);在传输距离为 4.5~5.5 km 时,下行数据速率降为 1.5 Mbit/s,上行速率为 64 kbit/s。换句话说,实际传输速度视线路的质量而定,从 ADSL 的传输速率和传输距离上看,ADSL 都能够较好地满足目前用户接入 Internet 的要求。这里所提出的数据则是根据 ADSL 论坛对传输速度与线路距离的规定,其所使用的双绞电话线为 AWG24(线径为 0.5 mm)铜线。为了降低用户的安装和使用费用,随后又制定了 ADSL Lite,这个版本的 ADSL 无须修改客户端的电话线路便可以为客户安装 ADSL,但是付出的是传输速率的下降。

ADSL 系统用于图像传输可以有多种选择,如 1~4 个 1.536 Mbit/s 通路或 1~2 个 3.072 Mbit/s 通路或 1 个 6.144 Mbit/s 通路以及混合方式。其下行速率是传统 T1 速率的 4 倍,成本也低于 T1 接入。通常,一个 1.5/2 Mbit/s 速率的通路除了可以传送 MPEG−1(Motion Picture Experts Group1)数字图像外,还可外加立体声信号,其图像质量可达录像机水平,传输距离可达 5 km 左右。如果利用 6.144 Mbit/s 速率的通路,则可以传送一路 MPEG−2 数字编码图像信号,其质量可达演播室水准,在 0.5 mm 线径的铜线上传输距离可达 3.6 km。有的厂家生产的 ADSL 系统,还能提供 8.192 Mbit/s 下行速率通路和 640 kbit/s 双向速率通路,从而可支持 2 个 4 Mbit/s 广播级质量的图像信号传送。当然,传输距离要比 6.144 Mbit/s 通路减少 15% 左右。

ADSL 可非常灵活地提供带宽,网络服务提供商(NSP)能以不同的配置包装销售 ADSL 服务,通常为 256 kbit/s 到 1.536 Mbit/s 之间。当然也可以提供更高的速率,但仍是以上述的速率为主。表 2-1 为某公司推出的网易通的应用实例,总计有 5 种不同传输等级的选择方案。最低的带宽为 512 kbit/s 的下载速率,以及 64 kbit/s 的双工信道速率;最高为 6.144 Mbit/s 的下载速率以及 640 kbit/s 的双工信道速率。事实上,有很多厂商开发出来的 ADSL 调制解调器都已超过 8 Mbit/s 的下载速率以及 1 Mbit/s 的上传速率。但无论如何,这些都是在一种理想的条件下测得的数据,实际上需要根据用户的电话线路质量而定,不过至少必须满足前面列出的标准才行。

表 2-1　ADSL 的传输分级

传输分级	一	二	三	四	五
下载速率	512 kbit/s	768 kbit/s	1536 kbit/s	3.072 Mbit/s	6.144 Mbit/s
上传速率	64 kbit/s	128 kbit/s	384 kbit/s	512 kbit/s	640 kbit/s

另外,互联网络以及相配合的局域网也可改变这种接入网的结构。由于网络服务提供商(NSP)已经了解到,第 3 层(L3)网络协议的 Internet 协议(Internet Protocol,IP)掌握了现有的专用网络和互联网络,因此,它们必须建立接入网来支持 Internet 协议(IP);而网络服务提供商(NSP)同时也察觉到第 2 层(L2)网络协议的异步转移模式(Asynchronous Transfer Mode,ATM)的潜力,可支持未来包括数据、视频、音频的混合式服务,以及服务质量(Quality of Service,QoS)的管理(特别是在延迟参数和延迟变化方面)。因此,ADSL 接入网将会沿着 ATM 的多路复用和交换逐渐进化,以 ATM 为主的网络将会改进传输 IP 信息(Traffic)的效率,ADSL 论坛和 ANSI 都已经将 ATM 列入 ADSL 的标准中。

3)影响 ADSL 性能的因素

影响 ADSL 系统性能的因素主要有以下几点:

(1)衰耗。衰耗是指在传输系统中,发射端发出的信号经过一定距离的传输后,其信号强度都会减弱。ADSL 传输信号的高频分量通过用户线时,衰减更为严重。如一个 2.5 V 的发送信号到达 ADSL 接收机时,幅度仅能达到毫伏级。这种微弱信号很难保证可靠接收所需要的信噪比,因此,有必要进行附加编码。在 ADSL 系统中,信号的衰耗同样跟传输距离、传输线径以及信号所在的频率点有密切关系,传输距离越远,频率越高,其衰耗越大;线径越粗,传输距离越远,其衰耗越小,但所耗费的铜越多,投资也就越大。

衰耗在所难免,但是又不能一味增加发射功率来保证收端信号的强度。随着功率的增加,串音等其他干扰对传输质量的影响也会加大,而且,还有可能干扰邻近无线电通信。对于各 ADSL 生产厂家,一般其 Modem 的衰耗适应范围在 0～55 dB 之间。

(2)反射干扰。桥接抽头是一种伸向某处的短线,非终接的抽头发射能量,降低信号的强度,并成为一个噪声源。从局端设备到用户,至少有两个接头(桥节点),每个接头的线径也会相应改变,再加上电缆损失等造成阻抗的突变会引起功率反射或反射波损耗,在话音通信中其表现是回声,而在 ADSL 中复杂的调制方式很容易受到反射信号的干扰。目前,大多数都采用回波抵消技术,但当信号经过多处反射后,回波抵消就变得几乎无效了。

(3)串音干扰。由于电容和电感的耦合,处于同一主干电缆中的双绞线发送器的发送信号可能会串入其他发送端或接收器,造成串音。一般分为近端串音和远端串音。串音干扰发生于缠绕在一个束群中的线对间干扰。对于 ADSL 线路来说,传输距离较长时,远端串音经过信道传输将产生较大的衰减,对线路影响较小,而近端串音一开始就干扰发送端,对线路影响较大。但传输距离较短时,远端串音造成的失真也很大,尤其是当一条电缆内的许多用户均传输这种高速信号时,干扰尤为显著,而且会限制这种系统的回波抵消设备的作用范围。此外,串音干扰作为频率的函数,随着频率升高增长很快。ADSL 使用的是高频,会产生严重后果。因此,在同一个主干上,最好不要有多条 ADSL 线路或频率差不多的线路。

(4)噪声干扰。传输线路可能受到若干形式噪声干扰的影响,为达到有效数据传输,应确保接收信号的强度、动态范围、信噪比在可接受的范围之内。噪声产生的原因很多,可能是家用电器的开关、电话摘机和挂机以及其他电动设备的运动等,这些突发的电磁波将会耦合到 ADSL 线路中,引起突发错误。由于 ADSL 是在普通电话线的低频语音上叠加高频数字信号,因而从电话公司到 ADSL 分离器这段连接中,加入任何设备都将影响数据的正常传输,故在 ADSL 分离器之前不要并接电话和加装电话防盗器等设备。目前,从电话公司接线盒到用户电话这段线很多都是平行线,这对 ADSL 传输非常不利,大大降低了上网速率。例如,在同等情况下,使用双绞线下行速率可达到 852 kbit/s,而使用平行线下行速率只有 633 kbit/s。

4)ADSL 的发展

由于电话设备的非线性,高频的信号会对电话信号进行干扰;同样电话信号也会干扰高频的 ADSL 信号。因此,ADSL 系统必须在用户端安装防止信号相互干扰的分离器(Splitter),这不仅增加了成本,而且增加了复杂性,这些都极大地影响了 ADSL 的普及。为了使 ADSL 调制解调器的应用像传统调制解调的应用一样方便,ITU-T 制定了无需分离器的标准(G. Lite)。这种标准的系统不需要安装分离器,能达到即插即用,同时这种标准的调制解调器要比 ADSL 调制解调器便宜,以上原因使得 G. Lite 普及速度会很快。G. Lite 标准支持自适应传输,它的传输速率与传输线的距离、线路受到的干扰情况有关,在良好的环境里,当下行速率为 1.5 Mbit/s,上行速率为 384 kbit/s 时,传输距离可以达到 5.5 km。因此,它能很好地满足对速率要求不是很高的家庭用户的需求,但要提供更高的速率,就必须采用其他的高速接入技术。

2.1.2.2 高速数字用户线(HDSL)技术

高比特率数字用户线(HDSL)是 ISDN 编码技术研究的产物。1988 年 12 月,Bellcore 首次提出了 HDSL 的概念。1990 年 4 月,电气与电子工程师协会(Institute of Electrical and Electronics Engineers,IEEE)TIEI.4 工作组就该主题展开讨论,并将其列为研究项目。之后,Bellcore 向 400 多家厂商发出技术支持的呼吁,从而展开了对 HDSL 的广泛研究。Bellcore 于 1991 年制定了基于 T1 (1.544 Mbit/s)的 HDSL 标准,欧洲电信标准学会(Europe Telecommunications Standards Institute,ETSI)也制定了基于 El(2 Mbit/s)的 HDSL 标准。

1)HDSL 关键技术

HDSL 采用 2 对或 3 对用户线以降低线路上的传输速率,系统在无中继传输情况下可实现传输 3.6 km。针对我国传输的信号采用 E1 信号,HDSL 在 2 对线传输情况下,每对线上的传输速率为 1168 kb/s,采用 3 对线情况下,每对线上的传输速率为 784 kb/s。

HDSL 利用 2B1Q 或 CAP 编码技术来提高调制效率,使线路上的码元速率降低。2B1Q 码是无冗余的 4 电平脉冲码,它是将两个比特分为一组,然后用一个四进制的码元来表示,编码规则如表 2-2 所示。由此可见,2B1Q 码属于基带传输码,由于基带中的低频分量较多,容易造成时延失真,因此需要性能较高的自适应均衡器和回波抵消器。CAP 码采用无载波幅度相位调制方式,属于带通型传输码,它的同相分量和相位正交分量分别为 8 个幅值,每个码元含 4bit 信息,实现时将输入码流经串并变换分为两路,分别通过两个幅频特性相同、相频特性差 90°的数字滤波器,输出相加就可得到。由此可以看出,CAP 码比 2B1Q 码带宽减少一半,传输速率提高一倍,但实现复杂、成本高。

表 2-2　2B1Q 码编码规则

第 1 位(符号位)	第 2 位(幅度位)	码元相对值
1	0	+3
1	1	+1
0	1	−1
0	0	−3

HDSL 采用回波抵消和自适应均衡技术等实现全双工的数字传输。回波抵消和自适应均衡技术可以消除传输线路中的近端串音、脉冲噪声和因线路不匹配而产生的回波对信号的干扰,均衡整个频段上的线路损耗,以便适用于多种线路混联或有桥接、抽头的场合。

2)HDSL 的系统组成

HDSL 所提供的无中继设备 El/T1 业务系统的主要组成如图 2-5 所示。由于 HDSL 技术的应用,只需简单地在双绞线两端连接一个 HDSL 收发器,就能实现无中继传输 T1/E1 业务。从用户使用的角度来看,HDSL 技术所提供的 T1/E1 服务对用户是透明的。HDSL 使用以下两种方法来实现长距离的无中继传输。

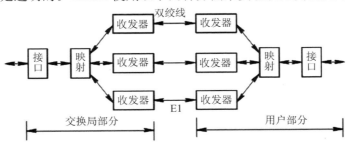

图 2-5　HDSL 的系统组成

(1)在 HDSL 系统的收发器中设计有数字信号处理功能的自适应滤波器,数字信号处理器测知双绞线的特性参数,以调节滤波器的参数,使通过滤波器的信号能被重新识别。

（2）回波抵消技术。在 HDSL 系统中，一条双绞线上可以同时传送收发信号，结果使收发信号叠加在一起传送，为了从这叠加的信号波形中取出需接收的信号加以恢复，HDSL 系统在其收发器中增设消回波电路，以消除叠加中的发送信号。

下面对 HSDL 系统各部分的功能作一简单介绍。

（1）接口部分。接口部分的功能主要是码型变换，它将符合 ITU－TG.703 建议的速率为 2 Mb/s、码型为 HDB3 的 PCM 码流和速率为 2 Mb/s 的 NRZ PCM（不归零码）码流进行相互转换。

（2）映射部分。映射部分的作用相当于复接/分接，发送时，将 2 Mb/s 的 NRZ PCM 码流分成两部分或三部分，对分开的每部分加入相关的比特，然后转换成 HDSL 码流。在接收端，将收到的两路或三路 HDSL 码流中的开销比特和数据比特等分开后，再将分开的两路或三路数据复接成 2 Mb/s 的 NRZ 的 PCM 基群码流。

（3）收发器部分。收发器部分是 HDSL 传输系统的核心，图 2-6 中给出了常见的 HDSL 收发器的原理框图。在实际应用中，根据所采用的技术，有不同的实现方法。由于使用 HDSL 系统的环境不一样，线路特性不同，故在收发器的回波抵消器和均衡器中都使用自适应滤波器，一般采用 LMS 算法。经过系统的初始化过程，使系统自适应到线路特性，并不断跟踪线路的微小变化，以获得尽可能好的系统性能。

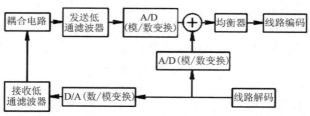

图 2-6　HDSL 收发器的原理

（4）混合电路。一般采用基于传统变压器的混合电路，也可采用有源 RC 型混合电路。

（5）回波抵消器。回波抵消器用于消除混合线圈泄露到接收线路的发送信号，消除拖尾影响及直流漂移，用来分开两个传输方向上传输的信号，以实现全双工工作模式。

（6）均衡判决器。在 HDSL 系统中，由于桥接和线径变化引起的阻抗不匹配与环路低通响应导致的脉冲展宽而大大降低传输信号的质量。因此,必须采用自适应滤波器来校正这些损伤,均衡线路衰减,缩短数据信道的有效响应的长度,降低内部符合干扰。均衡器一般也采用 LMS 算法的 FIR 滤波器。

3)HDSL 技术的应用

HDSL 技术广泛应用于移动特性基站中继、无线寻呼中继、视频会议、ISDN 基群接入、远端用户线单元中继和计算机局域网互联等业务。利用 HDSL 技术可与视频压缩编码(MPEG)技术相结合,传输视频宽带业务(如传输录像机信号以及多媒体会议电视系统信号),可作为 2 Mb/s 会议电视的传输接入系统。另外,也可用于传输可视电话、远程诊断、远程教育等多媒体业务。由于 HDSL 技术使用了 2～3 条双绞线,因此一般用户线路不使用该技术。

2.2　光纤接入技术

2.2.1　光纤接入网

光纤接入技术实际就是在接入网中全部或部分采用光纤传输介质,构成光纤用户环路(Fiber In The Loop,FITL),实现用户高性能宽带接入的一种方案。

光纤接入网(Optical Access Network,OAN)是指在接入网中,用光纤作为主要传输媒介来实现信息传输的网络形式,它不是传统意义上的光纤传输系统,而是针对接入网环境所专门设计的光纤传输网络。

2.2.1.1　光纤接入网的构成

光纤接入网的基本结构包括用户、交换局、光纤、电/光交换模块(E/O)和光/电交换模块(O/E),如图 2-7 所示。由于交换局交换的和用户接收的均为电信号,而在主要传输介质光纤中传输的是光信号,因此两端必须进行电/光和光/电转换。

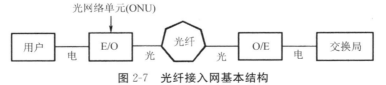

图 2-7　光纤接入网基本结构

光纤接入在用户端必须有一个光纤收发器(或带有光纤端口的网络设备)和一个路由器。光纤收发器用于实现光纤到双绞线的连接,进行光/电转换;路由器须有高速端口,以实现 10 Mb/s 或更高速率的连接。在与 Internet 接入时,路由器的主要作用有两个,一是连接不同类型的网络,二是实现网络安全保护(防火墙)。直接将光纤收发器连接至局域网交换机端口时,可以不需要路由器。因此,光纤宽带接入网的硬件设备有光收发器、路由器和光缆网卡。

2.2.1.2 光纤接入网的拓扑结构

光网络单元(ONU)的主要功能是为用户侧提供直接的或远端的接口。ONU设备可以灵活地放置在用户室内、路边、公寓内和办公大楼等地,在接入网中的位置既可以设置在用户端,也可以在分线盒或交接箱处。

按 ONU 放置位置的不同,可以将 OAN 划分为多种基本类型:FTTC、FTTB/FTTO、FTTH 等。另外 ONU 还可以通过不同的物理硬件连接构成多种拓扑形式,如星型、链型、树型和环型等,如图 2-8 所示。

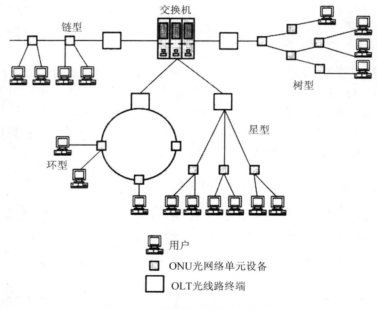

图 2-8 光纤接入网的拓扑结构

2.2.1.3　光纤接入网的种类

根据不同的分类原则,OAN 可划分为多个不同种类。

(1)按照接入网的网络拓扑结构划分,OAN 可分为总线型、环型、树型和星型等,这几种结构组合派生出总线、星型、双星型、总型、总线型、双环型、树型和环型等多种应用形式。它们各有优势,互为补充,在实际应用中应根据具体情况综合考虑、灵活运用。

(2)按照接入网的室外传输设施中是否含有有源设备,OAN 可以划分为无源光网络(PON)和有源光网络(AON)两种。两者的主要区别是:PON 采用无源光分路器分路,而 AON 采用有源电复用器分路。其中,PON 因其成本低、对业务透明、易于升级和管理等突出优势而备受欢迎,目前其标准化工作已经完成,商用系统已经投入网络运行。

(3)按照接入网能够承载的业务带宽情况,OAN 可划分为窄带 OAN 和宽带 OAN 两种。窄带和宽带的划分通常是以 2.048 Mbit/s 速率为界限,速率低于 2.048 Mbit/s 的业务称为窄带业务(如电话业务),速率高于 2.048 Mbit/s 的业务称为宽带业务(如 VOD 业务)。

(4)按照 ONU 的位置不同,OAN 可以划分为光纤到路边(FTTC)、光纤到大楼(FTTB)、光纤到小区(FTTZ)、光纤到家(FTTH)或光纤到办公室(FTTO)等多种类型。图 2-9 给出了其中的 3 种典型应用类型。

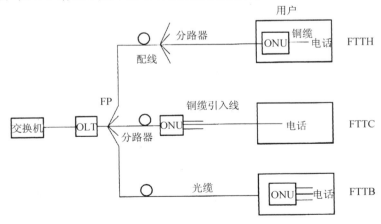

图 2-9　光纤接入网的典型应用类型

①在 FTTC 结构中,ONU 一般放置在路边的分线盒或交接箱处,即 DP 点或 FP 点,从 ONU 到用户之间仍然采用双绞铜线对。FTTC 主要适用于要求高服务质量的多媒体分配型业务。

②在 FTTB 结构中,ONU 放置在用户大楼内部,ONU 和用户之间通过楼内的垂直和水平布线系统相连。它实际上是 FTTC 的一种变形,其光纤线路更接近用户,因此更适用于高密度住宅小区及商用写字楼。

③在 FTTH 结构中,ONU 放置在用户家中,即网络侧业务节点和用户之间全部采用光纤线路,为用户提供最大可用带宽。它是接入网的理想解决方案,目前我国正在加紧部署和大力推广这一方案。

2.2.2　有源光网络(AON)接入技术

有源光纤接入网是指从局部端到用户分配单元之间均采用有源光纤传输设备,如光/电转换设备、有源光/电器件以及光纤等。AON 由 OLT、ODT、ONU 和光纤传输线路构成,如图 2-10 所示。其局端和远端均采用有源设备,远端设备在用户侧可安装在用户家中、大楼或小区路边;ODT 可以是一个有源复用设备,远端集中器,也可以是一个环网;传输技术为骨干网中已大量采用的 SDH 技术。

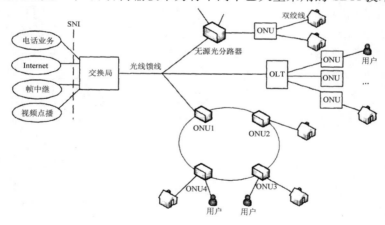

图 2-10　AON 网络结构

有源光网络(AON)通常采用星型网络结构,属于一点到多点光通信系统。它将一些网络管理功能和高速复接功能放在远端中完成。端局和远端之间通过光纤通信系统传输,然后再从远端将信号分配给用户。

AON 按照其传输体制可以分为:准同步数字系列(Plesiochronous Digital Hierachy,PDH)和同步数字系列(Synchronous Digital Hierarchy,SDH)两大类。同步数字体系 SDH 自从 20 世纪 90 年代引入至今,已经发展成一种成熟、标准的技术,在骨干网长距离传输系统中被广泛采用,并在逐步地取代准同步数字系列 PDH。在接入网中应用 SDH 技术,可以将 SDH 在核心网中的巨大带宽优势和技术优势应用于接入网领域,充分利用 SDH 同步复用、标准化的光接口、强大的网管能力、灵活的网络拓扑能力和高可靠性,使接入网的建设发展长期受益。

SDH 接入网主要有以下几个优势:

(1)兼容性强。SDH 的各种速率接口都有标准规范,在硬件上保证了各供应商设备的互联互通,为统一管理打下了基础。

(2)完善的自愈保护能力。灵活多变的组网方式为 SDH 网络提供了更加有效的业务保护能力,特别是自愈环网结构,能够在极短时间内(不超过 50 ms)完成业务信号的保护倒换,不影响业务的正常通信。

(3)强大的 OAM 管理功能。SDH 帧结构中定义了丰富的管理维护开销字节,大大方便了维护和管理,系统可以很容易地实现自动故障定位,提前发现和解决问题,降低维护成本。

(4)发展升级能力。SDH 体系能够提供从 155 Mb/s 到 622 Mb/s、2448 Mb/s、9553 Mb/s 甚至更高的速率,不但能够满足用户目前的语音和数据通信需求,更可以根据今后的发展灵活扩展升级。

(5)有利于向宽带接入发展。SDH 利用虚容器(VC)的概念,可以映射各级速率的 PDH 信号,而且能直接接入 ATM 信号,为向宽带接入发展提供了一个理想的平台。

SDH 技术在接入网中的应用虽然已经很普遍,但是现阶段由于 SDH 设备复杂、成本很高,致使 SDH 技术在接入网中的应用仍处于 FTTC(光纤到路边)、FTTB(光纤到楼)的程度,光纤的巨大带宽仍然没有到户。因此,要真正向用户提供宽带业务能力,仅采用 SDH 技术解决馈线、配线段的宽带化是不够的,在引入线部分仍需结合宽带接入技术。可以分别采用 FTTB/C＋xDSL、FTTB/C＋Cable Modem、FTTB/C＋LAN 等接入方式为居民用户、公司和企业用户提供业务。有关 PDH 与 SDH 传输体制的具体原理与区别可以参照传输技术部分。目前,较有代表性的 AON 系统有:光纤用户环路载波、灵活接入系统,以及 PDH/SDH 的 IDLC 接入网。

(1)光纤用户环路载波。采用光纤作为传输媒介,应用脉冲编码调制(PCM)技术和光纤传输技术在一对光纤上复用数百至上千路电话、ISDN 基本业务和数据等多种业务。光纤用户环路载波与 V 接口技术,特别是与 V5 接口相结合可以降低接入网的成本。

(2)灵活接入系统。在光纤用户环路载波基础上发展起来的一种光纤接入方式,可以采用星型拓扑或者点对点方式。灵活接入系统也可以传输多种业务,其与光纤用户环路系统的不同之处在于,它所复用的业务种类与路数可以由网络来设置,即实现所谓的"灵活"。

(3)基于 SDH 的有源光接入网。SDH 传输体制因具有标准性、大容量、无中继长距离传输、技术成熟和在线升级等优点,在接入网中得到了普遍的应用,尤其适合于主干层的自愈环网建设。目前,应用于接入网的 SDH 传输设备能够提供155 Mb/s、622 Mb/s 甚至 2.5 Gb/s 接口速率,未来只要有足够的业务量需求,传输带宽还可以增加。光纤的传输带宽潜力相对接入网的需求而言几乎是无限的,这就奠定了基于 SDH 有源光接入技术在未来接入网技术中的重要地位。

建立光纤接入系统有很多益处,它可以缓解和克服通信网之间的"瓶颈效应",为信息高速公路的建设和宽带综合业务数字网(B-ISDN)的发展奠定基础。随着光纤制造工艺的进步和光器件的发展,将会产生很多光纤接入的新方案,使光纤接入网技术(特别是 FTTH 技术)成为用户接入网的最终发展目标。FTTH 能够为每个用户提供足够宽的频带,用以传送高速数据甚至高清晰度电视节目。用户只要在家拥有一台"智能一体化"终端,就可以获得语音、数据、视像等各种宽带服务,实现"三网合一"的目标。

2.2.3 无源光网络(PON)接入技术

无源光网络(Passive Optical Network,PON)主要采用无源光功率分配器(耦合器)将信息送至各用户。由于采用了光功率分配器使功率降低,因此较适合于短距离使用,是实现 FTTH 的关键技术之一。

PON 是指 ODN(光配线网)中不含有任何电子器件及电子电源,ODN 全部由光分路器(Splitter)等无源器件组成,无需贵重的有源电子设备的网络。PON 是点到多点的光网,在源到宿的信号通路上全是无源光器件,如光纤、接头和分光器等,可最大限度地减少光收发信机、中心局终端和光纤的数量。基于单纤 PON 的接入网只需要 N+1 收发信机和数千米光纤,一个无源光网络包括一个安装于中心控制站的光线路终端(OLT),以及配套的安装于用户场所的光网络单元(ONUs),在 OLT 与 ONU 之间的光配线网(ODN)包含了光纤以及无源分光器或者耦合器。

目前,最简单的网络拓扑是点到点连接。为减少光纤数量,可在社区附近放置一个远端交换机(或集线器),同时需在中心局与远端交换机之间增加两对光收发信机,并需解决远端交换机供电和备用电源等维护问题,成本很高。因此,以低廉的无源光器件代替有源远端交换机的 PON 技术就应运而生。

PON 上的所有传输是在 OLT 和 ONU 之间进行的。OLT 设在中心局,把光接入网接至城域骨干网,ONU 位于路边或最终用户所在地,提供宽带语音、数据和视频服务,在下行方向(从 OLT 到 ONU),PON 是点到多点网,在上行方向则是多点到点网。

在用户接入网中使用 PON 的优点很多:传输距离长(可超过 20 km);中心局和用户环路中的光纤装置可减至最少;带宽可高达吉比特量级;下行方向工作如同一个宽带网,允许进行视频广播,利用波长复用既可传 IP 视频,又可传模拟视频;在光分路处不需要安装有源复用器,可使用小型无源分光器作为光缆设备的一部分,安装简便并避免了电力远程供应问题;具有端到端的光透明性,允许升级到更高速率或增加波长。

2.2.4　APON 接入技术

在 PON 中采用 ATM 技术,就成为 ATM 无源光网络(ATM－PON,APON)。PON 是实现宽带接入的一种常用网络形式,电信骨干网绝大部分采用 ATM 技术进行传输和交换,显然,无源光网络的 ATM 化是一种自然的做法。ATM－PON 将 ATM 的多业务、多比特速率能力和统计复用功能与无源光网络的透明宽带传送能力结合起来,从长远来看,这是解决电信接入"瓶颈"的较佳方案。APON 实现用户与 4 个主要类型业务节点之一的连接,即 PSTN/ISDN 窄带业务、B－ISDN宽带业务、非 ATM 业务(数字视频付费业务)和 Internet 的 IP 业务。

ATM－PON 的模型结构如图 2-11 所示。其中 UNI 为用户网络接口,SNI 为业务节点接口,ONU 为光网络单元,OLT 为光线路终端。

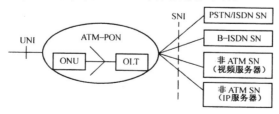

图 2-11　APON 模型结构

PON 是一种双向交互式业务传输系统,它可以在业务节点(SNI)和用户网络节点(UNI)之间以透明方式灵活地传送用户的各种不同业务。基于 ATM 的 PON 接入网主要由光线路终端 OLT(局端设备)、光分路器(Splitter)、光网络单元 ONU(用户端设备),以及光纤传输介质组成。其中 ODN 内没有有源器件。局端到用户端的下行方向,由 OLT 通过分路器以广播方式发送 ATM 信元给各个 ONU。各个 ONU 则遵循一定的上行接入规则,将上行信息同样以信元方式发送给 OLT,其关键技术是突发模式的光收发机、快速比特同步和上行的接入协议(媒质访问控制)。ITU-T 于 1998 年 10 月通过了有关 ATM-PON 的 G.983.1 建议,该建议提出下行和上行通信分别采用 TDM 和 TDMA 方式来实现用户对同一光纤带宽的共享。同时,主要规定标称线路速率、光网络要求、网络分层结构、物理媒质层要求、会聚层要求、测距方法和传输性能要求等。G.983.1 对 MAC 协议并没有详细说明,只定义了上下行的帧结构,对 MAC 协议作了简要说明。

1999 年 ITU-T 又推出 G.983.2 建议,即 APON 的光网络终端(Optical Network Terminal,ONT)管理和控制接口规范,目标是实现不同 OLT 和 ONU 之间的多厂商互通,规定了与协议无关的管理信息库被管实体、OLT 和 ONU 之间信息交互模型、ONU 管理和控制通道以及协议和消息定义等。该建议主要从网络管理和信息模型上对 APON 系统进行定义,以使不同厂商的设备实现互操作,该建议在 2000 年 4 月份正式通过。

在宽带光纤接入技术中,电信运营者和设备供应商普遍认为 APON 是最有效的,它构成了既提供传统业务又提供先进多媒体业务的宽带平台。APON 主要特点有:采用点到多点式的无源网络结构,在光分配网络中没有有源器件,比有源的光网络和铜线网络简单,更加可靠,更加易于维护;如果大量使用 FTTH(光纤到家),有源器件和电源备份系统从室外转移到了室内,对器件和设备的环境要求降低,使维护周期加长;维护成本的降低使运营者和用户双方受益;由于它的标准化程度很高,可以大规模生产,从而降低了成本;另外,ATM 统计复用的特点使 ATM-PON 能比 TDM 方式的 PON 服务于更多用户,ATM 的 QoS 优势也得以继承。

根据 G.983.1 规范的 ATM 无源光网络,OLT 最多可寻址 64 个 ONU,PON 所支持的虚通路(VP)数为 4096,PON 寻址使用 ATM 信元头中的 12 位 VP 域。由于 OLT 具有 VP 交叉互连功能,所以局端 VB5 接口的 VPI 和 PON 上的 VPI(OLT 到 ONU)是不同的,限制 VP 数为 4096 使 ONU 的地址表不会很大,同时又保证了能高效地利用 PON 资源。

以 ATM 技术为基础的 APON,综合了 PON 系统的透明宽带传送能力和 ATM 技术的多业务多比特率支持能力的优点,代表了接入网发展的方向。APON 系统主要有下述优点:

(1)理想的光纤接入网。无源纯介质的 ODN 对传输技术体制的透明性,使 APON 成为未来光纤到家、光纤到办公室、光纤到大楼的最佳解决方案。

(2)低成本。树型分支结构,多个 ONU 共享光纤介质使系统总成本降低;纯介质网络,彻底避免了电磁和雷电的影响,维护运营成本大为降低。

(3)高可靠性。局端至远端用户之间没有有源器件,可靠性较有源 OAN 大大提高。

(4)综合接入能力。能适应传统电信业务 PSTN/ISDN;可进行 Internet Web 浏览;同时具有分配视频和交互视频业务(CATV 和 VOD)能力。

虽然 APON 具有一系列优势,但是由于 APON 树型结构和高速传输特性,还需要解决诸如测距、上行突发同步、上行突发光接收和带宽动态分配等一系列技术及理论问题,这给 APON 系统的研制带来了一定的困难。目前,这些问题已基本得到解决,我国的 APON 产品已经问世,APON 系统正逐步走向实用阶段。

2.3　无线接入技术

2.3.1　无线接入技术概述

2.3.1.1　无线接入技术的概念

无线接入技术是指从业务节点接口到用户终端部分全部或部分采用无线方式,即利用卫星、微波等传输手段向用户提供各种业务的一种接入技术。由于其开通方便,使用灵活,因此得到了广泛的应用。另外,未来个人通信的目标是实现任何人在任何时候、任何地方能够以任何方式与任何人通信,而无线接入技术是实现这一目标的关键技术之一。因此,无线接入技术越来越受到人们的重视。

2.3.1.2　无线接入技术的分类

无线接入技术经历了从模拟到数字、从低频到高频、从窄带到宽带的发展过程,其种类很多,应用形式多种多样。但总的来说,无线接入技术可大致分为固定无线接入和移动接入两大类。

1)固定无线接入

固定无线接入(FWA)往往也称为无线本地环路(WLL),它是从交换节点到固定用户终端采用无线接入方式,实际上它是 PSTN/ISDN 网的无线延伸,主要的固定无线接入有一点对多点微波系统(MARS)、多路多点分配业务(MMDS)、本地多点分配业务(LMDS)、无线本地用户环路(WLL)(包括一点多址微波、固定蜂窝、固定无绳及它们的组合)、直播卫星系统(DBS)、VSAT 卫星通信系统、低轨卫星本地固定宽带接入及光无线接入等。

2)移动无线接入

移动无线接入是指用户终端移动时的接入,包括移动蜂窝通信网(GSM、CD-MA、TDMA、CDPD)、无线寻呼网、无绳电话网、集群电话网、卫星全球移动通信网以及个人通信网等,是当前接入研究和应用中很活跃的一个领域。

2.3.1.3 无线接入系统的组成

从概念上讲,无线接入网由业务节点接口和用户网络接口之间的一系列传送实体组成,它是为传送电信业务提供所需承载能力的无线实施系统。无线接入网的概念很宽泛,只要是涉及接入网的部分,无论是固定接入还是移动接入,无论服务半径多大,服务用户数量多少,都可以归入无线接入技术的范畴。

一个无线接入系统一般由 4 个基本模块组成:用户无线终端(SS)、基站(BS)、基站控制器(BSC)和网络管理系统(NMS),如图 2-12 所示。

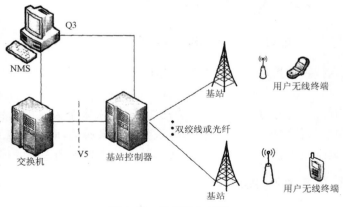

图 2-12 无线接入系统

用户无线终端的功能是将用户信息(语音、数据、图像等)从原始形式转换成适合于无线传输的信号,建立与基站的无线连接,并通过特定的无线信道向基站传输信号。常见的用户无线终端可以分为固定式、移动式和便携式 3 种。移动式或便携式的无线用户终端一般是汽车或手持的无线移动台,而固定式无线用户终端常常被固定地安装在某一位置,用于固定的点对点通信。

基站实际上是一个多路无线收发机,它的覆盖范围被称为一个"小区"(对全向天线)或一个"扇区"(对方向性天线)。小区的覆盖范围从几百米到几十千米不等,可以分为 3 类:大区制 5~50 km;小区制 0.5~5 km;微区制 50~500 m。基站一般由 4 个功能模块组成:无线模块、数字信号处理模块、网络接口模块、公共设备。这些模块可以分离放置,也可以集成在一起。

基站控制器是控制整个无线接入系统运行的重要部分,它决定各个用户的电路分配,监控系统的性能,提供并控制无线接入系统与外部网络之间的接口,同时还提供切换和定位等其他功能。一个基站控制器可以控制多个基站。基站控制器可以安装在电话局交换机内,也可以使用标准线路接口与现有的交换机相连,从而实现与有线网络的连接,并用一个小的辅助处理器来完成无线信道的分配。

网络管理系统负责所有信息的存储与管理,并同时兼具网络运行维护和监测的任务,是无线接入系统中必不可少的一部分。

2.3.2　固定无线接入

2.3.2.1　LMDS 接入技术

本地多点分布业务(Local Multipoint Distribution Service,LMDS)系统是一种宽带固定无线接入系统。它工作在微波频率的高端(20~40 GHz 频段),以点对多点的广播信号传送方式为电信运营商提供高速率、大容量、高可靠性、全双工的宽带接入手段,为运营商在"最后一公里"宽带接入和交互式多媒体应用提供了经济、简便的解决方案。

LMDS 是首先由美国开发的,其不支持移动业务。LMDS 采用小区制技术,根据各国使用频率的不同,其服务范围为 1.6~4.8 km。运营商利用这种技术只需购买所需的网元就可以向用户提供无线宽带服务。LMDS 是面对用户服务的系统,具有高带宽和双向数据传输的特点,可以提供多种宽带交互式数据业务及话音和图像业务,特别适用于突发性数据业务和高速 Internet 接入。

LMDS 是结合高速率的无线通信和广播的交互性系统。LMDS 网络主要由网络运行中心(Network Operating Center,NOC)、光纤基础设施、基站和用户站设备组成。NOC 包括网络管理系统设备,它管理着用户网的大部分领域;多个NOC 可以互联。光纤基础设施一般包括 SONET OC－3 和 DS－3 链路、中心局(CO)设备、ATM 和 IP 交换机系统,可与 Internet 及 PSTN 互联。基站用于进行光纤基础设施向无线基础设施的转换,基站设备包括与光纤终端的网络接口、调制解调器和微波传输与接收设备,可不含本地交换机。基站结构主要有两种:一种是含有本地交换机的基站结构,则连到基站的用户无须进入光纤基础设施即可与另一个用户通信,这就表示计费、信道接入管理、登记和认证等是在基站内进行的。另一种基站结构是只提供与光纤基础设施的简单连接,此时所有业务都接向光纤基础设施中的 ATM 交换机或 CO 设备。如果连接到同一基站的两个用户希望建立通信,那么通信以及计费、认证、登记和业务管理功能都在中心地点完成。用户站设备因供货厂商不同而相差甚远,但一般都包括安装在户外的微波设备和安装在室内的提供调制解调、控制、用户站接口功能的数字设备。用户站设备可以通过TDMA、FDMA 及 CDMA 方式接入网络,不同用户站地点要求不同的设备结构。

图 2-13 为目前被广泛接受的 LMDS 系统。用户站由一个安装在屋顶的天线及室外收发信机和一个用户接口单元组成。中心站是由一个安装在室外的天线及收发信机以及一个室内控制器组成,此控制器连接到一个 ATM 交换机的光纤环路中。此系统目前仍是以 4 个扇区进行匹配的,今后可能发展到 24 个扇区。

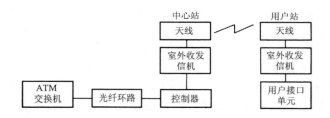

图 2-13　LMDS 基本结构框图

LMDS 技术特点主要有以下几个方面:

(1)可提供极高的通信带宽。LMDS 工作在 28 GHz 微波波段附近,是微波波段的高段部分,属于开放频率,可用频带为 1 GHz 以上。

(2)蜂窝式的结构配置可覆盖整个城域范围。LMDS 属无线访问的一种新形式,典型的 LMDS 系统为分散的类似蜂窝的结构配置。它由多个枢纽发射机(或称为基地站)管理一定范围内的用户群,每个发射机经点对多点无线链路与服务区内的固定用户通信。每个蜂窝站的覆盖区为 2～10 km,覆盖区可相互重叠。每个覆盖区又可以划分多个扇区,可根据用户远端的地理分布及容量要求而定,不同公司的单个基站的接入容量可达 200 Mbit/s。LMDS 天线的极化特性用来降低同一个地点不同扇区以及不同地点相邻扇区的干扰,即假如一个扇区利用垂直极化方式,那么相邻扇区便使用水平极化方式,这样理论上能保证在同一地区使用同一频率。

(3)LMDS 可提供多种业务。LMDS 在理论上可以支持现有的各种语音和数据通信业务。LMDS 系统可提供高质量的语音服务,而且没有延迟,用户和系统之间的接口通常是 RJ.11 电话标准,与所有常用的电话接口是兼容的。LMDS 还可以提供低速、中速和高速数据业务。低速数据业务的速率为 1.2～9.6 kbit/s,能处理开放协议的数据,网络允许本地接入点接到增值业务网,并可以在标准话音电路上提供低速数据。中速数据业务速率为 9.6 kbit/s～2 Mbit/s,这样的数据通常是增值网络本地接入点。在提供高速数据业务(2～55 Mbit/s)时,要用 100 Mbit/s 的快速以太网和光纤分布的数据接口(Fiber Distributed Data Interface,FDDI)等,另外还要支持物理层、数据链路层和网络层的相关协议。除此之外,LMDS 还能支持高达 1 Gbit/s 速率的数据通信业务。

(4)LMDS 能提供模拟和数字视频业务,如远程医疗、高速会议电视、远程教育、商业及用户电视等。此外,LMDS 有完善的网管系统支持,发展较成熟的 LMDS 设备都具有自动功率控制、本地和远端软件下载、自动故障汇报、远程管理及自动性能测试等功能。这些功能可方便用户对网络的本地和远程进行监控,并可降低系统维护费用。

与传统的光纤接入、以太网接入和无线点对点接入方式相比,LMDS 有许多优势。首先,LMDS 的用户能根据自身的市场需求和建网条件等对系统设计进行选择,并且 LMDS 有多种调制方式和频段设备可选,上行链路可选择 TDMA 或 FDMA 方式。因此,LMDS 的网络配置非常灵活。其次,这种无线宽带接入方式配备多种中心站接口(如 N×E1,E3,155 Mbit/s 等)和外围站接口(如 E1,帧中继,ISDN,ATM,10 MHz 以太网等)。再次,LMDS 的高速率和高可靠性,以及它便于安装的小体积低功耗外围站设备,使得这种技术极适合于市区使用。在具体应用方面,LMDS 除可以代替光纤迅速建立起宽带连接外,利用该技术还可建立无线局域网以及 IP 宽带无线本地环。

2.3.2.2　MMDS 接入技术

1）MMDS 的基本概念

MMDS 与 LMDS 类似，也是一种固定的点对多点宽带无线接入系统。MMDS 在不同文献资料中的中英文名称有很多种，在我国广播电影电视总局的标准文件中为多路微波分配系统（Multichannel Microwave Distribution System，MMDS）。MMDS 工作频段主要集中在 2～5 GHz，由于 2～5 GHz 频段受雨衰的影响很小，并且在同等条件下空间传输损耗比 LMDS 低，所以 MMDS 系统可应用于半径为 40 km 左右的大范围覆盖。

2）MMDS 的系统结构

MMDS 系统分为模拟 MMDS 系统与数字 MMDS 系统。MMDS 系统构成与 LMDS 相似，一般由基站、用户站和网管系统组成。双向业务的数字 MMDS 系统主要由 MMDS 收发信机、天线、变频器和机顶盒等设备组成，如图 2-14 所示。

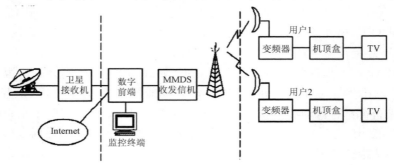

图 2-14　MMDS 的系统结构

（1）MMDS 收发信机。数字 MMDS 发射机的主要任务是将输入的视频、音频和数据信号，经 MPEG－2 数字压缩、数字复接和 QAM 调制，再经过上变频器后输出 MMDS 微波信号。数字 MMDS 发射机分为单频道 MMDS 发射机和宽频 MMDS 发射机。数字 MMDS 接收机在功能上与发射机是相对应的，与发射机的信号方向相反。

（2）天线。基站天线提供水平或垂直极化、全向或不同方位角、不同辐射场形、不同天线增益的各种 MMDS 发射天线，与波导或同轴电缆连接有两种接口方式，有加压密封或非加压密封、顶端安装或侧面安装等各种形式，可根据各种 MMDS 系统要求选择，以求最佳覆盖。用户站天线可采用比较简单的屋顶天线。

（3）变频器。用于用户接收方向的变频器即降频变换器，是数字 MMDS 的下变频器，它将数字 MMDS 信号变换到射频（RF）数字信号。MMDS 最显著的特点就是各个降频器本振点可以不同，可由用户自选频点，即多点本振。反方向信号则通过上变频器来实现。

（4）机顶盒。数字 MMDS 机顶盒（STB）是数字 MMDS 接收解码器（又称数字 MMDS 解扰器）。MMDS 机顶盒一般分为电视机顶盒和网络机顶盒。电视机顶盒将接收到的数字 MMDS 的下变频器输出的 RF 数字电视信号转换成模拟电视机可以接收的信号。网络机顶盒内部还包含有操作系统和 IE 浏览软件，把电视机作为显示器使用，通过上行通道可以实现互联网接入。

3）MMDS 与 LMDS 技术的比较

高频段（26 GHz）的 LMDS 技术和低频段（2.5 GHz、3.5 GHz）的 MMDS 技术比较如下：

（1）MMDS 与 LMDS 都是微波技术，视距传输。

（2）MMDS 与 LMDS 系统在容量上、传播距离上各有优势与劣势，MMDS 的传播距离可达 40 km。我们注意到容量和传播距离是负相关的关系。

（3）在业务上，MMDS 系统适合于用户分布较分散、业务需求不大的用户群，而 LMDS 系统则适合于用户分布集中、业务需求量大的用户群。

（4）在成本上，MMDS 低于 LMDS。

（5）MMDS 所能提供的数据带宽同样与可利用的频段、采用的调制方式（QPSK、16QAM 或 64QAM）和扇区数量有关。

4）MMDS 业务

MMDS 是以视距传输为基础的图像分配传输技术。MMDS 不仅可提供模拟视频、数字视频、双向数据传输、因特网接入和电话业务等，还支持用户终端业务、补充业务、GSM 短消息业务和各种 GPRS 电信业务，适合于分布较分散、业务需求不大的用户群。

2.3.2.3　甚小型天线地球站（VSAT）系统

VSAT 通常是指天线口径小于 2.4 m，G/T 值低于 19.7 dB/K，高度软件控制的智能化小型地球站。VSAT 系统主要是由卫星、枢纽站和许多小型地球站组成，系统如图 2-15 所示。枢纽站起主控作用，整个卫星的传输线路由地球站至卫星的上行链路和卫星至地球站的下行链路组成。各用户终端之间以及枢纽站与用户终端站之间的联系，可通过各自的 VSAT 沿上、下行链路并依靠卫星的中继加以实现。

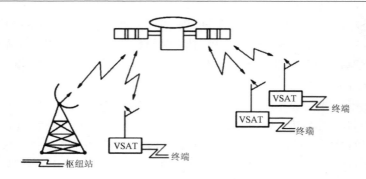

图 2-15　VSAT 系统的基本组成

1)VSAT 系统的传输技术

采用了信源编码、信道编码、相移键控调制等多种数字传输技术。

(1)在信源编码 VSAT 系统中,话音编码普遍采用自适应差分脉码调制(AD-PCM),信号速率为 32 kbit/s 的话音质量已能达到公众电话网的质量要求。

(2)信道编码 VSAT 系统希望减小小站天线尺寸,降低成本,因而接收信噪比较低。为保证传输质量,在传输过程中,需采用前向纠错的信道编码,针对卫星信道以突发性误码为主的特点,采用分组码编码方式较为合适。目前,VSAT 系统中普遍采用卷积编码和维特比译码。

(3)调制解调理论证明,目前所采用的几种调制方式中,在相同误码率条件下,相移键控(PSK)解调要求的信噪比较其他方式小。目前,VSAT 系统通常采用 2PSK 或 4PSK 方式。

2)VSAT 系统多址接入技术

所谓接入方式,是指系统内多个地球站以何种方式接入卫星信道或从卫星上接收信号。卫星通信中常用的多址接入方式有频分多址接入、时分多址接入和码分多址接入等。

(1)频分多址接入(FDMA),是一种传统的多址接入方式,其基本概念是不同的地球站用不同的频率(即不同的载波),即在 FDMA 方式中,传输信道是采用频分复用方式。

(2)时分多址接入(TDMA),是一种适用于大容量通信的多址方式,系统中各通信站均使用同一载波,仅在发射时间上错开。其优点是各站发射的信道数和通信路由的改变十分灵活,是实现按需分配地址(DAMA)的最佳方式之一。其通常的应用形式有:

①预分配 TDMA(TDMA PA),是最基本的 TDMA 方式,预先分配给各站一

定的信道数及路由,各站按预定的时间发送。但一般也可做到按需重分配,由网络控制中心设定各站信道数及路由,并指定时刻切换改变。

②动态分配 TDMA(TDMA DA)。各站仅在有发送业务时向控制中心申请时隙,由控制中心实时分配时隙。

③码分多址接入(CDMA)。CDMA 方式的基本思想是不同的地球站占用同一频率和同一时间段,各站信号仅以不同编码结构来区别。其主要优点是抗干扰性强、容量大、保密性能好。采用 CDMA 方式的系统中,各站在同一时间使用同一频率,且发射功率不需进行严格控制,因此,整个系统不需要复杂的网络控制。

2.3.3 移动无线接入

2.3.3.1 蜂窝移动通信系统

实现移动通信的方式有许多种类,其中蜂窝移动通信系统是目前应用较广的一种方式。典型的蜂窝移动通信系统结构如图 2-16 所示。移动通信区由多个相邻接的小区(称为蜂窝)组成,每一个蜂窝区内由一个蜂窝基站和一群用户移动台(移动台是收发合一的)如车载移动台、便携式手机等组成。每个用户移动台与基站通信,蜂窝基站负责射频管理,并经中继线或微波通道与移动电话交换中心(MSC)相连。MSC 控制呼叫信令和处理,协调不同蜂窝区间的越区切换。如果被叫用户是移动终端,则可经由 MSC 与被叫用户相连;如果被叫用户是固定公用电话网用户,则 MSC 与 PSTN 或 ISDN 的端局相连,再接入被叫用户。MSC 也可以与其他公用数据网相连提供数据业务。

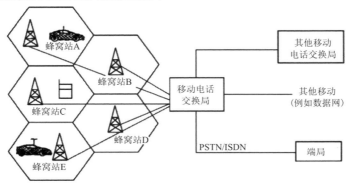

图 2-16 蜂窝移动通信系统结构

2.3.3.2 卫星移动通信系统

卫星移动通信系统是利用通信卫星作为中继站,为移动用户之间或移动用户与固定用户之间提供电信业务的系统。卫星移动通信系统由通信卫星、关口站、控制中心、基站及移动终端组成,与蜂窝移动电话系统相比,卫星移动通信系统增加了卫星系统作为中继站,因而可延长通信距离,扩大用户的活动范围。

控制中心是系统的管理控制中心,负责管理和控制接入到卫星信道的移动终端通信过程,并根据卫星的工作状况控制移动终端的接入。

关口站是卫星通信系统与公用电话网间的接口,它负责移动终端同公用电话网用户通信的相互连接。基站是在移动通信业务中为小型网络的各个用户提供业务连接的控制点。在该系统中,接入网的范畴是指从卫星至用户的这一部分。比较著名的卫星移动通信方案是 Motorola 公司的全球数字移动个人通信卫星系统,又称"铱"系统。"铱"系统原计划采用 77 颗低轨道小型卫星均匀分布于 7 条极地轨道上,通过微波链路构成一个全球性移动个人通信系统。因卫星数量与铱元素外层电子数相等,故称为"铱"系统。后经改进采用 66 颗低轨道卫星和 6 条极地轨道即可覆盖全球,但仍称为"铱"系统。

2.3.3.3 GPRS 接入技术

通用分组无线业务 GPRS(General Packet Radio Service),是在现有的 GSM 系统上发展出来的一种新的承载业务。在某种意义上,可以认为 GPRS 是 GSM 向 IP 和 X.25 数据网的延伸;反过来也可以说,GPRS 是互联网在无线应用上的延伸。在 GPRS 上可实现 FTP、Web 浏览器、E—mail 等互联网应用。

GPRS 无线分组数据系统与现有的 GSM 语音系统最根本的区别是,GSM 是一种电路交换系统,而 GPRS 是一种分组交换系统。分组交换的基本过程是把数据先分成若干个小的数据包,通过不同的路由,以存储转发的接力方式传送到目的端,再组装成完整的数据。

在 GSM 无线系统中,无线信道资源非常宝贵,如采用电路交换,每条 GSM 信道只能提供 9.6 kb/s 或 14.4 kb/s 传输速率。如果多个组合在一起(最多 8 个时隙),虽可提供更高的速率,但只能被一个用户独占,在成本效率上显然缺乏可行性。而采用分组交换的 GPRS 则可灵活运用无线信道,让其为多个 GPRS 数据用户所共用,从而极大地提高了无线资源的利用率。

理论上讲,GPRS 可以将最多 8 个时隙组合在一起,给用户提供高达

171.2 kb/s的带宽。同时,与 GSM 所不同的是,它可同时供多个用户共享。从无线系统本身的特点来看,GPRS 使 GSM 系统实现无线数据业务的能力产生了质的飞跃,从而提供了便利高效、低成本的无线分组数据业务。

　　GPRS 特别适用于间断的、突发性的或频繁的、少量的数据传输,也适用于偶尔的大数据量传输。而这正是大多数移动互联应用的特点。GPRS 是通过软件升级和增加必要的硬件,利用 GSM 现有的无线系统实现分组数据传输,GSM 在承载 GPRS 业务时可以不必中断其他业务,如语音业务等。

第3章　无线网络技术

随着 Internet 应用的迅猛发展,以及手机、平板等移动智能终端的日益增长,给广大用户提供了诸多便利(可随时随处自由接入 Internet,能享受更多的业务,安全且有保障的网络),成为发展的必然。在接入速率和适应环境上与 3G、4G 技术互为补充的无线局域网迅猛发展,成为新一代高速无线网络技术。本章主要对无线局域网技术、WAP 技术以及蓝牙技术进行阐释。

3.1　无线局域网技术

3.1.1　无线局域网概述

3.1.1.1　无线局域网的发展历史

无线局域网(Wireless Local Area Network,WLAN)是指以无线信道来代替传统有线传输介质所构成的局域网络。无线局域网是在有线网络的基础上发展而来的,WLAN 的出现能够使网络上的各种终端设备摆脱有线连接介质的束缚,使其具有更多的移动性,并能够实现与有线网络之间的互联和互通。

无线局域网是计算机间的无线通信网络。相比有线通信悠久的历史,无线网络的历史并不长,特别是充分发挥无线通信的"可移动"特点的无线局域网是 20 世纪 90 年代以后才出现的事情。

1971 年,夏威夷大学投入运行的 AlohaNet 首次将网络技术和无线通信技术结合起来。为了使分散在 4 个岛上的 7 个校区里的计算机能与主校区的中心计算机进行通信,AlohaNet 通过星形拓扑将中心计算机和远程工作站连接起来,提供双向数据通信。远程工作站之间也能通过中心计算机相互通信,当时的数据传输速率为 9.6 kb/s。

20 世纪 80 年代以后,美国和加拿大的一些业余无线电爱好者、无线电报务员开始尝试着设计并建立了终端节点控制器,将各自的计算机通过无线发报设备连接起来。因此,业余无线电爱好者使用无线联网技术,要比无线网络商业化早得多。

那时,无线计算机网络采用无线媒体仅仅是为了克服地理障碍,或是为了免除布线的烦恼,使网络安装简单、使用方便,而对网络中节点的移动能力并不重视。然而,进入 20 世纪 90 年代以后,随着功能强大的便携式电脑的普及使用,人们可以在办公室以外的地方随时使用携带的计算机工作,并希望仍然能够接入其办公室的局域网,或能够访问其他公共网络。这样,支持移动计算能力的计算机网络就显得越来越重要了。

1985 年,美国联邦通信委员会(FCC)授权普通用户可以使用 ISM 频段,从而把无线局域网推向了商业化。FCC 定义的 ISM 频段为:902～928 MHz、2.4～2.4835 GHz、5.725～5.85 GHz 3 个频段。1996 年,中国无线电管理委员会开放了 2.4～2.4835 GHz 频段。ISM 频段为无线电网络设备供应商提供了所需的频段,只要发射机功率的带外辐射满足无线电管理机构的要求,则无须提出专门的申请就可使用 ISM 频段。

IEEE 802 工作组负责局域网标准的开发。1990 年 11 月,IEEE 成立了802.11 委员会,开始制定无线局域网标准。1997 年 6 月 26 日,IEEE 802.11 标准制定完成,1997 年 11 月 26 日正式发布。

IEEE 802.11 无线局域网标准的制定是无线局域网发展历史中的一个重要里程碑。承袭 IEEE 802 系列,IEEE 802.11 规范了无线局域网络的媒体访问控制(Medium Access Control,MAC)层和物理(Physical,PHY)层。特别是由于实际无线传输的方式不同,IEEE 在统一的 MAC 层下面规范了各种不同的实体层,以适应当前的情况及未来的技术发展。

IEEE 802.11 标准使得各种不同厂商的无线产品得以互联。另外,IEEE 802.11 标准使核心设备执行单芯片解决方案,降低了采用无线技术的代价。IEEE 802.11 标准的颁布,使得无线局域网在各种有移动要求的环境中被广泛接受。

1998 年,各供应商已经推出了大量基于 IEEE 802.11 标准的无线网卡及访问节点。1999 年,IEEE 802.11 工作组又批准了 IEEE 802.11 的两个分支:IEEE

802.11a 和 IEEE 802.11b。IEEE 802.11a 扩充了无线局域网的物理层,规定该层使用 5 GHz 频段,采用正交频分复用(OFDM)调制数据,传输速率为 6～54 Mb/s。这样的速率既能够满足室内的应用,也能够满足室外的应用。IEEE 802.11b 是 IEEE 802.11 标准物理层的另一个扩充,规定采用 2.4 GHz ISM 频段,调制方式采用补偿编码键控(CCK)。它的一个重要特点是,多速率机制的媒体访问控制(MAC)确保当工作站之间距离过长或干扰太大、信噪比低于某一个门限的时候,传输速率能够从 11 Mb/s 自动降低到 5.5 Mb/s,或者根据直接序列扩频技术调整到 2 Mb/s 或 1 Mb/s。

3.1.1.2 无线局域网的组成结构

无线局域网的组成结构如图 3-1 所示,由站(Station,STA)、无线介质(Wireless Medium,WM)、基站(Base Station,BS)、接入点(Access Point,AP)和分布式系统(Distribution System,DS)等几部分组成。

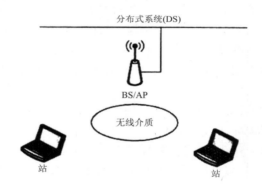

图 3-1　WLAN 的物理结构

1)站

站(点,STA)也称主机或终端,是无线局域网的最基本组成单元。网络就是进行站间数据传输的,我们把连接在无线局域网中的设备称为站。站在无线局域网中通常用作客户端,它是具有无线网络接口的计算设备。它包括终端用户设备、无线网络接口及网络软件 3 部分。

2)无线介质

无线介质是无线局域网中站与站之间、站与接入点之间通信的传输媒介。在这里指的是空气,它是无线电波和红外线传播的良好介质。无线局域网中的无线介质由无线局域网物理层标准定义。

3）无线接入点

无线接入点（AP）类似于蜂窝结构中的基站，是无线局域网的重要组成单元。无线接入点是一种特殊的站，它通常处于 BSA 的中心，固定不动。

4）分布式系统

一个 BSA 所能覆盖的区域受到环境和主机收发信机特性的限制。为了能覆盖更大的区域，就需要把多个 BSA 通过分布式系统（DS）连接起来，形成一个扩展业务区（Extended Service Area，ESA），而通过 DS 互相连接起来的属于同一个 ESA 的所有主机组成一个扩展业务组（Extended Service Set，ESS）。分布式系统就是用来连接不同 BSA 的通信通道，称为分布式系统信道（Distribution System Medium，DSM）。DSM 可以是有线信道，也可以是频段多变的无线信道。这样在组织无线局域网时就有了足够的灵活性。

3.1.1.3　无线局域网的拓扑结构

WLAN 目前主要有 3 种拓扑结构，即自组织网络（也就是对等网络，即人们常称的 AdHoc 网络）、基础结构型网络和完全分布式网络。

1）自组织网络

自组织网络是一种对等模型的网络，它的建立是为了满足用户暂时的需求服务，如应急机动、抢险救灾等场合。自组织网络是由一组带有无线接口卡的无线终端（例如移动计算机等）组成。这些无线终端以相同的工作组名、扩展服务集标识号和密码等对等的方式相互直连，在 WLAN 的覆盖范围之内，进行点对点或点对多点之间的通信，如图 3-2 所示。

服务器

图 3-2　自组织网络结构

组建自组织网络的优势在于不需要增添任何网络基础设施，只需要移动节点并配置一种普通的协议。在这种拓扑结构中，不需要中央控制器的协调。因此，自组织网络使用非集中式的 MAC 协议，如 CSMA/CA。但由于该协议所有节点具有相同的功能性，因此实施复杂并且造价昂贵。

自组织网络的不足之处在于，它不能采用全连接的拓扑结构。其原因是对于两个移动节点而言，某一个节点可能会暂时处于另一个节点传输范围以外，它接收不到另一个节点的传输信号，因此无法在这两个节点之间直接建立通信。

自组织网络常用于固定互联网的两个节点之间，是无线联网的常用方式，使用这种联网方式建成的网络，传输距离远，传输速率高，受外界环境影响较小。

2）基础结构型网络

基础结构型网络利用了高速有线或无线骨干传输网络。在这种网络的拓扑结构中，移动节点在基站（Base Station，BS）的协调下接入无线信道，如图 3-3 所示。

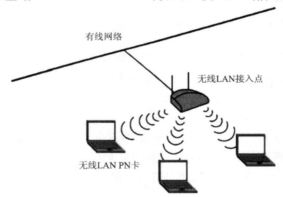

有线网络

无线LAN接入点

无线LAN PN卡

图 3-3　基础结构型网络结构

基站的另一个作用是将移动节点与现有的有线网络连接起来。当基站执行这项任务时，它被称为接入点（AP）。基础结构网络虽然也会使用非集中式 MAC 协议，如基于竞争的 802.11 协议可以用于基础结构的拓扑结构中，但大多数基础结构网络都使用集中式 MAC 协议，如轮询机制。由于大多数的协议过程都由接入点执行，移动节点只需要执行一小部分的功能，所以其复杂性大大降低。接入点可以通过标准的以太网电缆与传统的有线网络相连，作为无线网络和有线网络的连接点，无线局域网的终端用户可通过无线网卡等设备访问网络。

此类型网络最大的优点是组建网络成本低、维护简单；其次，由于中心使用了全向天线，设备调试相对容易。该类型网络的缺点也是因为使用了全向天线，波束的全向扩散使得功率大大衰减,网络传输速率低,对于距离较远的节点,网络的可靠性得不到保证。

3)完全分布式网络

除以上两种应用比较广泛的网络拓扑结构之外,还有一种正处于研究阶段的拓扑结构,即完全分布式网络拓扑结构。这种结构要求相关节点在数据传输过程中完成一定的功能,类似于分组无线网的概念。对每一节点而言,它可能只知道网络的部分拓扑结构,但它可与邻近节点按某种方式共享对拓扑结构的认识,来完成分布路由算法,即路由网络上的每一节点要互相协助,以便将数据传送至目的节点。

分布式网络拓扑结构抗损性能好,移动能力强,可形成多跳网,适合较低速率的中小型网络。对于用户节点而言,它的复杂性和成本较其他拓扑结构高,并存在多径干扰和远近效应。同时,随着网络规模的扩大,其性能指标下降较快。但完全分布式网络在军事领域中具有很好的应用前景。

3.1.2　无线局域网标准 IEEE 802.11

3.1.2.1　IEEE 802.11 的结构

1)IEEE 802.11 标准的逻辑结构

拓扑结构提供了描述一个网络所需的物理构件的方法,而逻辑结构则定义了该网络的操作。IEEE 802.11 标准的逻辑结构应用于所有每个包含单一 MAC 和一类 PHY 的工作站。IEEE 802.11 的逻辑结构如图 3-4 所示。

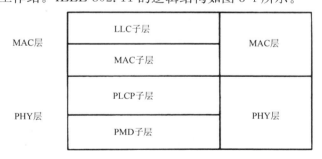

图 3-4　IEEE 802.11 物理层和媒体访问层的逻辑结构

在 IEEE 802.11 的体系结构中,MAC 层在 LLC 层的支持下为共享媒体 PHY 提供访问控制功能。这些功能包括寻址、访问协调、帧校验序列生成检查以及对

LLC PDU 的定界等。MAC 层在 LLC 层的支持下执行寻址和帧识别功能。在 IEEE 802.11 标准中，MAC 层采用 CSMA/CA（载波侦听多路访问，冲突避免）协议，而标准以太网则采用 CSMA/CD（载波侦听多路访问，冲突检测）协议。由于无线电波传输和接收功率的局限性，在同一个信道上同时传输和接收数据是不可能实现的。因此，WLAN 只能采取措施预防冲突而不是检测冲突。

2）IEEE 802.11 系列标准的协议体系结构

IEEE 802.11 标准是 IEEE 制定的无线局域网标准，主要是对网络的物理层（PHY）和媒体访问控制层（MAC）进行了规定，而其中对 MAC 层的规定是重点。各种局域网有不同的 MAC 层，而逻辑链路控制层（LLC）是一致的，即逻辑链路层以下对网络应用是透明的。这样就使得无线网的两种主要用途——"多点接入"和"多网段互联"，易于质优价廉地实现。

3.1.2.2　IEEE 802.11 的各层分析

1）IEEE 802.11 物理层

物理层定义了数据传输的信号特征和调制方式。无线局域网可以使用两种介质进行传输：射频（RF）和红外线（Infrared）；而且有两种调制方式：直接序列扩频（DSSS）和跳频扩频（FHSS）。

DSSS 采用扩展的冗余编码方式进行数据传输，其利用比发送信息速率高许多的伪随机代码对信息数据的基带频谱进行扩展，形成宽带低功率谱密度的信号；在接收端用相同的伪随机代码对接收到的信号进行相关的处理，恢复原始信息。

FHSS 技术是在 2.4 GHz 频道以 1 MHz 的频宽将其划分为 75～81 个子频道，在一个频带上发送完一段较短的信息后，跳转到另一个频带上；接收方和发送方协商一个跳频模式，数据按照这个序列在各个子频道上进行传送。在一段时间内跳转完所有规定的频带后，再开始另一个跳转周期。物理层能够根据环境噪声情况自动地对传输速率进行调节。

2）IEEE 802.11 MAC 层

这里先概述性地介绍一下无线局域网的 MAC 层。IEEE 802.11 MAC 的基本存取方式被称为 CSMA/CA。冲突避免与冲突检测具有非常明确的差别，因为在无线通信方式中，对无线载波的感测和对冲突信息的感测都是不可靠的。同时，当无线电波经发送天线发送出去以后，自己便无法进行监控，因此对冲突的检测也就变得更加困难。在 IEEE 802.11 协议中，对载波的检测主要采用实际测试和虚拟测试两种方式来实现。实际测试要侦听信道上是否有电波在传送，并要在传送中附加上优先级的观念；另一种方法是采用虚拟载波侦听，这种方式要告知其他工作站在哪个时间段的范围内要进行数据传输，以此来防止各工作站在发送数据过程中产生冲突。

3）IEEE 802.11 应用层服务

由于 IEEE 802.11 标准仅仅对 IEEE 802.3 标准的物理层和媒体访问控制层进行了增补和替换，因此可以说 IEEE 802.11 标准对网络层及其以上是透明的，对于支持 IEEE 802.3 标准的服务和应用来讲，IEEE 802.11 标准只要做稍许改动就能够轻松地应用。这就意味着在 IEEE 802.11 标准成熟的过程中，支持 IEEE 802.3 标准的大量应用层服务可以经过配置来直接为 IEEE 802.11 标准所使用。同样，通过选择无线连接方式，又迅速提高了对诸如文件传输协议（FTP）和超文本传输协议（HTTP）的标准网络商业应用。

3.1.2.3　IEEE 802.11a

IEEE 802.11a 工作在 5 GHz 频段，它以正交频分复用（OFDM）为基础。OFDM 的基本原理是把高速的数据流分成许多速度较低的数据流，然后它们将同时在多个副载波频率上进行传输。由于低速的平行副载波频率会增加波形的持续时间，因此多路延迟传播对时间扩散的影响将会减小。通过在每个 OFDM 波形上引入一个警戒时间几乎可以完全消除波形间的干涉。在警戒时间内，OFDM 波形会循环地扩展以避免载波差拍干扰。正交性在多路延迟传播中被维护，接收器得到每个 OFDM 波形的时移信号总和。在传播延迟时间小于警戒时间的时候，在一个 OFDM 波形的 FFT 时间间隔内不会出现波形内部干扰和载波内部干扰。多路只对随机相位和副载波频率的振幅保持影响。前向错误纠正在副载波频率上的应用可以解决弱副载波频率严重衰退的问题。IEEE 802.11a 标准的低、中 UNII 频带的信道描述如图 3-5 所示。

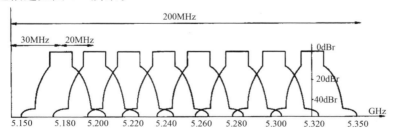

图 3-5　IEEE 802.11a 低、中 UNII 频带的信道

这些信道中的 8 个可用信道的信道带宽为 20 MHz,频带边缘的警戒带宽为 30 MHz。FCC 定义了更高的 UNII 频带,取值在 5.725~5.821 GHz 之间,它被用来负载另外 4 个 OFDM 信道。对高频频带而言,由于对超过带宽范围的频谱需求不如低、中 UNII 频带那样强烈,因此其频带边缘的警戒带宽只有 20 MHz。在欧洲和日本,对新的 OFDM、802.11a 和 HIPERLAN/2 标准采取了精确的频谱分配技术。尽管该技术还未完全建立,但它预示着在欧洲所有中低段 UNII 频带将被覆盖。在日本,则只有第一个 100 MHz(低 UNII 频带)被覆盖。因此,一个全世界都可用的 5 GHz 的频带被创立。在欧洲,5.470~5.725 GHz 的频带也将可用。由于 IEEE 802.11a 运行在 5GHz 无线频带上,并且支持多达 24 条非重叠信道,所以它的抗干扰性优于 IEEE 802.11b 和 IEEE 802.11g。但是,每个国家政府监管 5 GHz 频带使用的管理规定都是不同的,因此从某些角度来看也妨碍了 IEEE 802.11a 设备的部署。

3.1.2.4　IEEE 802.11b

IEEE 802.11b 扩展了基本 IEEE 802.11 所采用的 DSSS 处理方法。IEEE 802.11b 以补码键控(Complementary Code Keying,CCK)技术为基础。在 IEEE 802.11b 标准中,CCK 机制建立在基本 IEEE 802.11 DSSS 信道机制所允许的码元速率的基础之上。因为相同的 PLCK 头部结构是基于 1 Mbit/s 的传输速率,所以 IEEE 802.11b 的设备与之前的 IEEE 802.11 DSSS 设备兼容,重叠或邻近的 BSS 可以被调节为每个 BSS 中心频率之间至少要间隔 5 MHz 的信道空间。因为 IEEE 802.11b 具有更高的数据传输率,所以其要求更加严格,它指定 25 MHz 的信道间隔。IEEE 802.11b 有 3 个隔离良好的信道,它在完全重叠的 BSS 间允许 3 个独立信道进行传输。

IEEE 802.11 标准最初的 DSSS 标准使用 11 位的巴克码(Barker)序列,用该序列来实现对数据的编码和发送,每一个 11 位的码片代表一位的数字信号 1 或者 0,此时该序列将被转化成信号,然后在空气中传播。这些信号要以 1 Mbit/s 的速度进行传送,我们称这种调制方式为 BIT/SK,当以 2 Mbit/s 的传送速率进行数据传送时,要使用一种被称为 QPSK 的更加复杂的传送方式,QPSK 中的数据传输率是 BIT/SK 的 2 倍,因此提高了无线传输的带宽。

在 IEEE 802.11b 标准中采用了更为先进的 CCK 技术,该编码技术的核心是存在一个由 8 位编码所组成的集合,在这个集合中的数据有特殊的数学特性使得它们能够在经过干扰或者由于反射造成的多方接受问题后还能够被正确地互相区分。当以 5.5 Mbit/s 的数据传输速率进行传送时,要使用 CCK 来携带 4 位的数字信息,而以 11 Mbit/s 的数据传输速率进行传送时要让 CCK 携带 8 位的数字信息,两个速率的传送都利用 QPSK 作为调制手段。

3.1.2.5　IEEE 802.11g

IEEE 802.11g 标准最重要的部分就是该标准在理论上能够达到 54 Mbit/s 的数据传输速率,同时能够与目前应用比较多的 IEEE 802.11b 标准保持向下的兼容性。IEEE 802.11g 标准所提供的高速数据传输技术关键来自 OFDM 模块的设计,OFDM 模块的设计与 IEEE 802.11a 标准中所使用的 OFDM 模块是完全相同的。IEEE 802.11g 标准的向下兼容性主要原因是 IEEE 802.11g 使用了 2.4 GHz 的工作频段,在这个频段支持原有的 CCK 模块设计,而这个模块与在 IEEE 802.11b 标准中所使用的相同。IEEE 802.11g 是 IEEE 为了解决 IEEE 802.11a 标准与 IEEE 802.11b 标准之间的互联互通而提出的一个全新标准。从容量的角度来看,IEEE 802.11g 标准的数据传输速率上限已经由原有的 11 Mbit/s 提升到 54 Mbit/s,但由于在 2.4 GHz 频段的干扰源相对更多,因此其数据传输速率要低于 IEEE 802.11a 标准。

IEEE 802.11g 标准与已经得到广泛使用的 IEEE 802.11b 标准是相互兼容的,这是 IEEE 802.11g 标准相对于 IEEE 802.11a 标准的优势所在。IEEE 802.11g 是对 IEEE 802.11b 的一种高速物理层扩展,同 IEEE 802.11b 一样,IEEE 802.11g 工作于 2.4 GHz 的 ISM 频带,但采用了 OFDM 技术,可以实现最高 54 Mbit/s 的数据速率。在 IEEE 802.11g 的 MAC 层上,IEEE 802.11、IEEE 802.11b、IEEE 802.11a 和 IEEE 802.11g 这 4 种标准均采用的是 CSMA/CA 技术,这有别于传统以太网上的 CSMA/CD 技术。

3.1.3　无线局域网关键技术

3.1.3.1　无线局域网物理层技术

1)微波技术

无线局域网采用电磁波作为载体来传送数据信息。对电磁波的使用可以分为窄带射频和扩频射频技术两种常见模式。WLAN 从本质上讲是对传统有线局域网的扩展,WLAN 组件将数据包转换为无线电波或者是红外脉冲,将它们发送到其他无线设备中或发送到作为有线局域网网关的接入点。目前,大多数 WLAN

都是基于 IEEE 802.11 和 IEEE 802.11b 标准而制造的设备,通过这些设备来与局域网进行无线通信。这些标准可使数据传输分别达到 $1 \sim 2$ Mbit/s 或 $5 \sim 11$ Mbit/s,确定一个通用的体系、传输模式或其他无线数据传输来提高产品的互操作性。

WLAN 制造商在设计解决方案的时候,可以选择使用多种不同的技术。每种技术都有自己的优势和局限性。在常规的无线通信应用中,其载波频谱宽度主要集中在载频附近较窄的带宽内。而扩频通信则采用专用的调制技术,将调制后的信息扩展到很宽的频带上去。需要注意的是,即使采用同样的扩频技术,各种产品在实现方法上也不相同。

(1)窄带技术。窄带无线系统在一个特定的射频范围传输和接收用户信息。窄带无线技术只是传递信息,并占有尽可能窄的无线信号频率带宽。若通过合理的规划和分配,则不同的网络用户就可以使用不同的信道频率,并可以此来避免通信信道间的干扰。在使用窄带通信的时候,既能够通过使用无线射频分离技术来实现信号分离,也可以通过对无线接收器的配置来实现对指定频率之外的所有其他干扰无线信号的过滤。

(2)扩频技术。扩频的基本思想是通过使用比发送信息数据速率高出许多倍的伪随机码,将载有信息数据的基带信号频谱进行扩展,形成宽带的低功率频谱密度信号,增加传输信号的带宽就可在较强的噪声环境下进行有效数据传输。扩频技术在发射端进行扩频调制,在接收端以相关解调技术接收信息,这一过程使其具有许多优良特性。

2)红外技术

WLAN 使用电磁微波(无线或红外)进行点到点的信息通信,而不依赖任何的物理连接。无线电波常常指无线载波器,因为它们只是执行将能量传递到远程接收器的任务。传输的数据被加载到无线载波器中,这样就可以从接收终端中准确地提取。这通常被称作通过传递信息的载波器调制。一旦数据加载(调制)到无线载波器,无线信号将占用多于一个的频率,因为调制信息的频率或比特率被加入载波器中。

基于红外线方式的无线局域网方案具有价格低廉、工作频率高、干扰小、数据传输速率高、接入方式多样、使用不受约束等特点。但这种模式的无线局域网只能进行一定角度范围内的直线通信,在收信机和发信机之间要求不能存在障碍物。

在通常情况下,建立基于红外线方式无线局域网的方式有以下两种。

一种方式是采用固定方向的红外线传输,这种方式的覆盖范围非常远。在理论上可以达到数千米,并且能够应用于室外环境,同时因为该方式的无线局域网带宽很大,所以其数据传输速度也很高。

第二种方式是采用全方向的红外线传输。这种方式的无线局域网能够由发射源向任意方向的任何目的地址以全向方式发送信号,这种方式的无线局域网覆盖范围相对前者要小得多。

因此,从诸多因素综合考虑的时候,在现阶段就可以得到如下这个结论:红外技术仅仅可以当成无线局域网的一门技术来加以论述,它是组成无线局域网的一种形式,但是相对于射频技术而言,红外技术还不能达到射频无线网络所具有的性能。

3.1.3.2　无线局域网 MAC 层技术

1)CSMA/CA

CSMA/CA 的基础是载波侦听,IEEE 802.11 根据 WLAN 的介质特点提出了两种载波检测方式:一种是基于物理层的载波检测方式;另一种是虚拟载波检测方式。

(1)基于物理层的载波检测方式。基于物理层的载波检测方式是从接收到的射频或天线信号来检测信号能量,或者是根据接收信号的质量来估计信道的忙闲状态。

(2)虚拟载波检测方式。虚拟载波检测方式是通过 MAC 报头 RTS/CTS 中的 NAV 来实现。只要其中的一个 NAV 提示信号传输介质正在被其他用户所使用,那么传输介质就被认为已经处于忙状态。

虚拟载波侦听检测机制是由 MAC 层提供的,要参考 NAV 来实现。NAV 包含对介质上要进行通信内容的预测,它是从实际数据交换前的 RTS 和 CTS 以及 MAC 在竞争期间除节能轮询控制帧外的所有帧头中持续时间域来获取有用信息。

载波侦听机制包含 NAV 状态和由物理载波侦听信道提供给 STA 的发送状态。NAV 可以被看成一个计数器,它以统一的速率逐渐递减,直至减少到 0。当该计数器为 0 时,表明传输介质处于空闲状态,否则介质就为忙状态。只要无线局域网中的任意一个站点发送数据,那么整个网络的传输介质就都会被确定为忙状态。

CSMA 作为随机竞争类 MAC 协议,其算法简单而且性能丰富,因此在实际局域网的使用中得到了广泛的应用。但是在无线局域网中,由于无线传输介质固有的特性受移动性的影响,无线局域网的 MAC 在差错控制、解决隐藏节点等方面有别于有线局域网。因此,WLAN 与有线局域网所采用的 CSMA 具备一定的差异。WLAN 采用 CSMA/CA 协议,它与 CSMA/CD 最大的不同点在于其采取避免冲突工作方式。

2）媒体接入技术

无线局域网中 MAC 所对应的标准为 IEEE 802.11。IEEE 802.11 的 MAC 子层分为两种工作方式：一种是分布控制方式（DCF）；另一种是中心控制方式（PCF）。

（1）分布控制方式（DCF）。DCF 是基于具有冲突避免的载波侦听多路存取方法（CSMA/CA）。无线设备发送数据前，首先要探测一下线路的忙闲状态，如果空闲，则立即发送数据，并同时检测有无数据碰撞发生。这一方法能协调多个用户对共享链路的访问，避免出现因争抢线路而无法通信的情况。这种方式在共享通信介质时没有任何优先级的规定。DCF 包括载波检测（CS）机制、帧间间隔（IFS）和随机避让（Random Back－Off）规程。对 IEEE 802.11 协议而言，网络中所有的终端要发送数据时，都要按照 CSMA/CA 的媒体访问方法接入共享介质，也就是说，需要发送数据的终端首先侦听介质，以便知道是否有其他终端正在发送。如果介质不忙，则可以进行发送处理，但不是马上发送数据帧，而是由 CSMA/CA 分布算法，强制性地控制各种数据帧相应的时间间隔（IFS）。只有在该类型帧所规定的IFS 内介质一直是空闲的方可发送。如检测到介质正在传送数据，则该终端将推迟竞争介质，一直延迟到现行的传输结束为止。在延迟之后，该终端要经过一个随机避让时间重新竞争对介质的使用权。

（2）中心控制方式（PCF）。PCF 是一个在 DFC 之下实现的替代接入方式，并且仅支持竞争型非实时业务，适用于具备中央控制器的网络。该操作由中央轮询主机（点协调者）的轮询组成。点协调者在发布轮询时使用 PIFS，由于 PIFS 小于 DIFS，点协调者能获得媒体，并在发布轮询及接收响应期间，锁住所有的非同步通信。

3.1.4 常见的无线局域网设备

3.1.4.1 无线网卡

一个无线网卡主要包括网卡单元、扩频通信机和天线 3 个功能块。网卡单元负责建立主机与物理层之间的连接。扩频通信机与物理层建立了对应关系，实现无线电信号的接收与发射。当计算机要接收信息时，扩频通信机通过网络天线接收信息，并对该信息进行处理，判断是否要发给网卡单元，如是则将信息上交给网卡单元，否则将其丢弃掉。如果扩频通信机发现接收到的信号有错，则通过天线反馈给发送端一个出错信息，通知发送端重新发送该信息。当计算机要发送信息时，主机先将待发送的信息传送给网卡单元，网卡单元监测信道是否空闲，若空闲便立即发送,否则暂不发送,并继续监测。

(1)接口类型。无线网卡的接口类型主要有 PCI、USB、PCMCIA 3 种。其中,PCI 接口无线网卡主要用于 PC,PCMCIA 接口的无线网卡主要用于笔记本电脑,USB 接口无线网卡既可以用于 PC 也可以用于笔记本电脑。

(2)传输速率。数据传输速率是衡量无线网卡性能的重要指标之一。目前,无线网卡支持的最大传输速率可以达到 54 Mbit/s,一般都支持 IEEE 802.11g 标准,兼容 IEEE 802.11b 标准。部分厂家的无线网卡通过各种无线传输技术,实现了高达 108 Mbit/s 的数据传输速率,如 TP—LINK、NETGEAR 等。

比较常用的支持 IEEE 802.11b 标准的无线网卡最大传输速率可达 11 Mbit/s,其增强型产品可以达 22 Mbit/s 甚至 44 Mbit/s。对于普通家庭用户选择 11 Mbit/s 的无线网卡即可;而对于办公或商业用户,则需要选择至少 54 Mbit/s 的无线网卡。

(3)传输距离。传输距离也是衡量无线网卡性能的一个重要指标,传输距离越大说明其灵活性越强。目前,一般的无线网卡室内传输距离可以达到 30~100 m,室外可达到 100~800 m。无线网卡传输距离的远近会受到环境的影响,如墙壁、无线信号干扰等,因此,实际传输距离可能较之小一些。

(4)安全性。因为常见的 IEEE 802.11b 和 IEEE 802.11g 标准的无线产品使用了 2.4 GHz 工作频率,所以,理论上任何安装了无线网卡的用户都可以访问网络。这样的网络环境,其安全性得不到保障。为此,一般采取两种加密技术,无线应用协议和有线等价加密,WAP 加密性能比 WEP 强,但兼容性不好。目前,一般的无线网卡都支持 68/128 位的 WEP 加密,部分产品可以达到 256 位。

3.1.4.2　无线访问接入点

如果将无线网卡比作传统网络中的以太网卡,那么无线访问接入点就是传统网络中的集线器。

一般情况下,无线客户端都是通过 AP 接入以太网或通过 AP 共享网络资源,这是 WLAN 最典型的工作模式,称为构架模式。当然,无线客户端还可以不通过 AP,直接实现对等互联,这种工作模式称为对等模式。

因为每个 AP 的覆盖范围都有一定的限制,正如手机可以在基站之间漫游一样,无线局域网客户端也可以在 AP 之间漫游。需要注意的是,网卡的连接距离不光取决于网卡本身,还要看 AP 的覆盖范围,因此 AP 是组建无线局域网的一个关键设备。

在选购无线 AP 时,须注意以下事项。

（1）端口类型、速率。无线 AP 的 WAN 端口用于和有线网络进行连接，这样可以组建有线、无线混合网。在端口的传输速率方面，一般应该为 10/100 Mbit/s 自适应 RJ－45 端口。

（2）网络标准。目前，无线 AP 一般都支持 IEEE 802.11b 和 IEEE 802.11g 标准，分别可以实现 11 Mbit/s、22 Mbit/s 的无线网络传输速率。目前，IEEE 802.11g 标准的产品比较普遍。除此之外，还可以支持 IEEE 802.3 以及 IEEE 802.3u 网络标准。

（3）网络接入。目前，常见的 Internet 宽带接入方式有 ADSL、Cable Modem、小区宽带等。无线 AP 应该支持常见的网络接入方式，例如，使用 ADSL 上网的用户选择的产品必须支持 ADSL 接入（即 PPPoE 拨号），对于单位办公用户或小区宽带用户，必须要选择支持以太网接入。

（4）防火墙。为了保证网络的安全，无线 AP 最好内置有防火墙功能。

3.1.4.3　无线局域网的辅助设备

1）天线

当计算机与无线 AP 或其他计算机相距较远时，随着信号的减弱，其传输速率会明显下降，或者根本无法实现与 AP 或其他计算机之间的通信，此时，就必须借助于无线天线对所接收或发送的信号进行增益放大。

无线设备本身的天线都有一定距离的限制，当超出这个限制的距离时，就要通过这些外接天线来增强无线信号，达到延伸传输距离的目的。这里涉及以下两个概念。

（1）频率范围。它是指天线工作的频段。这个参数决定了它适用于哪个无线标准的无线设备。比如 802.11a 标准的无线设备就需要频率范围在 5 GHz 的天线来匹配，因此在购买天线时一定要认准这个参数对应的相应产品。

（2）增益值。此参数表示天线功率放大倍数，数值越大表示信号的放大倍数越大，也就是说增益数值越大，信号越强，传输质量就越好。

无线 AP 的天线有室内天线和室外天线两种类型。室外天线又可分为锅状的定向天线、棒状的全向天线等多种类型。

2）无线宽带路由器

无线宽带路由器集成了有线宽带路由器和无线 AP 的功能，既能实现宽带接入共享，又拥有无线局域网的功能。

通过与各种无线网卡配合，无线宽带路由器就可以以无线方式连接成不同的拓扑结构的局域网，从而共享网络资源，形式灵活方便。

3.1.5　无线局域网的应用

无线局域网主要有 4 个应用区域：局域网的扩展、交叉建筑的互联、移动接入和自组网络。

3.1.5.1　局域网的扩展

早期的无线局域网产品于 20 世纪 80 年代末期引入，作为传统有线局域网的替代品出现在市场上。无线局域网节省了局域网布线的费用，并使得重定位以及对网络结构的其他修改变得容易。然而，无线局域网的这些推动力被一些事件所取代。首先，当认识到对局域网的需要变得更大时，设计师设计的新建筑包括了大量数据应用的预埋线。其次，随着数据传输技术的进步，在局域网方面，对双绞线的依赖也在增加，特别是对 3 类和 5 类非屏蔽双绞线，大部分老建筑已使用充足的 3 类线进行布线，许多新建筑预埋了 5 类线。这样在很大程度上，使用无线局域网取代有线局域网的事情并没有发生。

然而，在很多环境中，无线局域网的一个作用是替代有线局域网。这方面的例子包括诸如制造工厂、证交所的交易大厅和仓库等具有巨大开放区域的建筑，双绞线不足并且又禁止钻孔布新线的历史建筑及那些安装和维护有线局域网并不经济的小办公室。在所有这些情况下，无线局域网提供了一个有效且更具吸引力的替代技术。在大多数这些情况中，一个组织也将拥有一个有线局域网，以支持服务器和一些固定工作站。例如，一家制造厂一般有一个与厂房分隔，但出于联网的目的又与之相连的办公室。因此，一般而言，在同一块地上，无线局域网将被连至有线局域网。这样，此应用区域被称为局域网的扩展。

图 3-6 指出了在许多环境中都具有代表性的一个简单的无线局域网配置。其中，存在一个诸如以太网的有线骨干局域网，它支持服务器、工作站和一个或多个与其他网络相连的网桥或路由器。此外，还有一个作为无线局域网接口的控制模块（Control Module，CM），控制模块或者包括网桥或者包括路由器功能，以将无线局域网与骨干网相连。它包括几类诸如轮询或令牌传递模式的访问控制逻辑，以管理由端系统传来的访问。注意，一些端系统是独立设备，如工作站或服务器。控制有线局域网的大量站点的集线器或其他用户模块（User Modules，UMs）也可作为无线局域网配置的一部分。

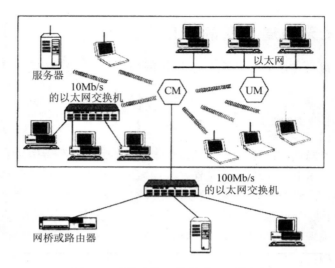

图 3-6　单蜂窝区无线局域网配置实例

　　图 3-6 的配置可被称为单蜂窝区无线局域网,所有无线终端系统都在单个控制模块的范围内。图 3-7 为另一个普通配置多蜂窝区无线局域网,在此情况下,存在多个由有线局域网互联的控制模块,每个控制模块支持大量传输范围内的无线终端系统。例如,对于一个红外局域网,传输被限于一个单间,因此,需要无线支持的办公建筑中的每个房间需要一个蜂窝区。

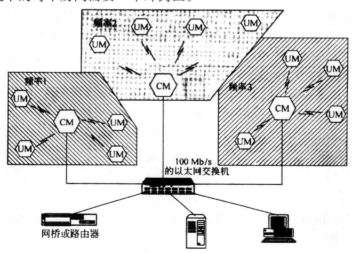

图 3-7　多蜂窝区无线局域网配置实例

3.1.5.2　交叉建筑的互联

无线局域网技术的另一个使用是将邻近建筑的有线或无线局域网相连。在此情况下,两建筑间使用一条点到点的无线链路,这样被连接的设备一般为网桥或路由器。这个单独的点到点链路本质上不是局域网,但无线局域网的标题中通常也包括此应用。

3.1.5.3　移动接入

移动接入在局域网集线器和诸如膝上计算机或笔记本计算机等带天线的移动数据终端间提供了一条无线链路。这种应用的一个实例是:这样的连接使得旅途归来的雇员能将数据从个人的便携计算机发至办公室的服务器。移动接入在诸如校园或在室外办公等扩展环境中也是有用的。在这两种情况中,用户可以带着他们的便携机四处走动,并期望从不同位置接入有线局域网的服务器。

3.1.5.4　自组网络

自组网络(Ad Hoc Networking)是为满足某种急需而临时建立的点到点网络(无中央服务器)。例如,可能有一群配有膝上或掌上机的雇员聚在会议室召开商务或教室会议,他们仅在会议期间将他们的计算机联至临时网络。

图 3-8 显示了支持局域网扩展、移动接入需求和自组无线局域网的无线局域网之间的不同。在前面的情形中,无线局域网形成一个固定的基础设施,该设施由一个或多个包含控制模块的蜂窝区组成。在一个蜂窝区中,可能存在大量的固定终端系统,移动站点能由一个蜂窝区移到另一个蜂窝区。与之相对,自组网络没有基础设施,而且在站点的相互范围内,对等站点的集合可以将其自身动态配置成一个临时网络。

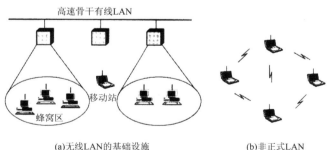

(a)无线LAN的基础设施　　　　　　　　(b)非正式LAN

图 3-8　无线局域网的配置

3.2 WAP 技术

3.2.1 WAP 的概念及特征

无线应用协议（WAP）是由美国软件公司 Phone. com 与 Motorola、Nokia、Ericsson 最早创建和开发的，它是定义在窄带宽上传输数据的通信协议，可以使移动通信设备可靠地接入 Internet 的标准，即在 Internet 已有结构和开发的基础上，定义通过移动通信手段访问 Internet 的内容，使得移动终端能方便地使用 Internet 上的内容。WAP 定义了一组硬件和软件的接口，实现了这些接口的手持设备和网络站点服务器，将允许用户使用像 PC 一样的方法使用移动电话，进行电子邮件的收发以及 Internet 上的信息浏览。它结合了当今发展最为迅猛的两种技术，即无线通信技术和互联网技术。

WAP 是一种灵活的、复杂的协议，它可用于：

（1）各种移动电话。

（2）任何已有的或计划中的无线服务。例如，短消息服务（SMS）、非结构补充业务数据（USSD）以及通用分组无线服务（GPRS）。

（3）任何移动网络标准。例如，码分多址（CDMA）、全球移动系统（GSM）以及全球移动电话系统（UMTS）。

（4）多种输入终端。例如，键盘、触摸屏等。

WAP 的特征如下：

（1）移动终端可运行一种微型浏览器，它的用户界面具有明显的局限性。例如，移动电话的显示屏小、移动的手持设备内存有限。因此，在使用时需要下载 WAP 应用程序，用完后或暂时不用时再把程序清除。

（2）提供 WAP 服务的网站上需要用 WAP 脚本语言编写的网页以实现手机冲浪，WAP 有效包容了大量不同的软件协议，允许应用产品能独立于传输格式而运行。

（3）通信带宽窄，由于使用 WAP 的移动设备具有带宽窄的特点，因此适用于该类设备上的网页不宜过于复杂，数据量不宜过大。

（4）WAP 服务链上各商家需要协作。例如，手持设备制造商、经营移动电话业务的公司、ISP、应用软件开发商以及主干电话网络的经营者。

无线互联技术要得以生存，就必须提供丰富的具有特点的应用，无线互联技术以基于个人移动应用为特点，其特定的使用环境和手持终端的局限性决定了其独特的经济模式。

3.3.2　WAP 体系结构

WAP 协议实际上是一个标准，联合定义无线数据手持设备如何通过无线网络传输数据，又如何通过同样的设备进行内容、服务的传递和实现。通过这些标准，手持设备遵循 WAP 的无线数据基础结构建立连接，可以请求内容和服务，将获得的内容和服务传递给用户。图 3-9 表示这个标准不仅仅影响着手持无线终端设备的应用，而且还影响提供服务的整个基础结构，包括网络运营商、服务供应商以及内容提供商。

图 3-9　WAP 定义的手持终端与提供服务的基础结构之间的关系

图 3-10 描绘了 WAP 的体系结构，它是由围绕着网络协议、安全以及应用环境的一系列标准服务构成的，为移动终端设备提供了一个可伸缩、可扩展的应用开发环境，通过对整个协议栈的分层设计来实现，即将它们划分成若干功能层，协议规定每一层要完成特定的任务，从而简化网络设计，同时也将问题进行分解，以便更好地完成任务。这些协议一起提供一个完整的服务基础结构。

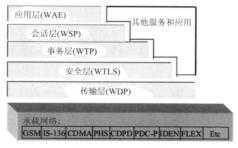

图 3-10　WAP 结构

每一层除了为上一层协议提供一个接口外,还要为应用和服务直接提供一个接口。例如,如果某一项特别的应用或服务仅仅要求数据报传输层提供服务,它还可以直接从该层取得服务,而不必与其他更高层发生联系。在 WAP 标准中,服务器和客户的应用程序在同一个层面上交流。例如,客户手持无线设备上的传输层就随时在与网络基础结构的传输层交流。WAP 的分层结构可以使其他服务和应用能通过一组定义完好的接口来实现,层与层之间相对独立。图 3-11 将 WAP 与 Internet 的协议栈的分层结构进行比较。由图可知,层允许有效衔接到 Internet,Internet 和万维网(WWW)使用的协议都是层进式的。值得注意的是,图中的层与另一个并不是兼容的,它使协议变换复杂化。根据每一个协议组套中相应的层,层还允许协议变换器、网关以及通过有效操作衔接两个标准网络基础结构以内的代理。

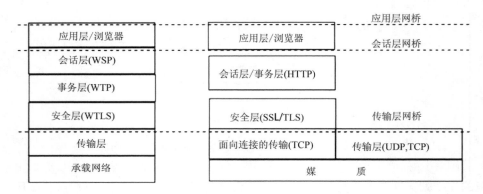

图 3-11 WAP 与 Internet 协议栈分层的比较

3.3.3　**WAP 结构组件**

3.3.3.1　概述

WAP 的各层相互合作,为移动用户提供内容、应用和服务,这些层按其互操作性,可以划分成 3 个组:

(1)承载网络隐蔽大量信号与在全世界无线网络中使用的频道协议之间的差异。

(2)服务协议包括提供给上一层服务的协议,把应用数据移交给无线网络。这些服务包括安全性、可靠性和缓冲。

(3)应用环境包括强有力的基于浏览器的环境、支持内容和服务的可移植性、独立于不同生产厂家的不同设备型号。

下面论述每一个组件,定义每一层的基本功能,以及它们在 WAP 结构中的地位。

3.3.3.2　承载网络

无线网络有许多协议支持与代理设备之间交换消息、分组和帧,这几十个网络协议,也被称为承载协议。每一个承载协议都与网络基础结构的某一种特别类型相联系,并且网络基础结构某一种特别类型又与供应商或世界的某一个特别区域相联系。

目前,应用最普遍的无线网络基础结构包括以下几种:

(1)AMPS 至今仍是整个世界大部分地区,包括北美,使用的模拟通信基础结构。它可以在地球的不同地方使用同一个频率讲话。

(2)CDPD 进行数据传输。它采用 FDM 理论,发送器可以在不同的频率上发送分组。CDPD 主要应用于美国和加拿大的一些地区。

(3)IS-54/IS-136/ANSI-136 通常被认为是北美的 TDMA,其首先在美国和加拿大使用。它利用 TDM 理论,把无线频率划分成时间槽,并且将这些时间槽分配给多重呼叫。

(4)IS-95 又称为码分多址(CDMA),CDMA 是一种扩频技术。在第二次世界大战时由 Qualcomm 为美国部队开发,现在广泛地应用于美国、加拿大以及亚洲的部分地区。

(5)GSM 可以在 800 MHz 带宽上运行,现应用于欧洲、澳洲和亚洲的大多数地区,它采用 TDM 和 FDM 技术,取得了与 CDMA 相似的效果。在美国,GSM 可以在不同的频率运行,通常知道的是 DCS1800(即 1800 MHz)和 PCS1900(即 1900 MHz)。

(6)PDC 提供电话和数据服务,现广泛应用于日本。与 GSM 一样,它也采用了 TDM 和 FDM 技术。

(7)PHS 代表了大地区的数字无绳电话技术的发展,在日本十分流行。

(8)Flex 协议由摩托罗拉开发,支持单向寻呼。ReFlex 协议增加了双向寻呼功能,还有新网络标准,包括 EDGE、GPRS 和 UMTS,通过加强现存的网络(如 GSM)或替代它们,从而提供更强大的功能。

有这么多的承载网络协议要将内容传递给设备,将提供独立网络系统的任务复杂化,每个网络的可靠性、延迟、流量以及误码率水平不同。一些承载网络可将报文每一次都独立地传送到它所预想的目的地。另一些网络依靠固定的电路,它们的使用方法与电话相似,这些电路需要客户和目的地之间的点对点连接。

一些网络也可以提供短消息服务(SMS),与无线网络传呼服务非常相似。

最低层的 WAP 标准为无线数据报协议(WDP),它用来隐蔽承载网络之间的差别。在传统意义上,WDP 不是一个协议,而是一个抽象的服务,在协议栈的其他较高层已经建立了一套假设的功能,WDP 层保证通过所有支持的承载网络提供这种普通的抽象服务。

WDP 抽象服务实际上是一种数据报服务,它能在网络的一个端点向另一个端点进行简单的点对点发送消息。这种服务既不能保证传输的可靠性和安全性,也不能保证数据到达目的地时间和顺序是否正确,只是将这些服务推到协议栈的更高层。

每个承载网络提供不同水平的服务,因此,WDP 实际上是许多协议的集合,每一个 WDP 协议与每一个受支持的承载网络协议相联系。当应用程序通过 WAP 栈发送一条消息时,调用哪一个 WDP 协议,取决于使用的承载网络。一台能与多个承载网络通信的设备可以在不同的时候使用不同的 WDP 协议。

有时 WDP 只需简单地命令使用哪个承载协议,便可以获得抽象服务。如果下面网络支持用户数据报协议(UDP),与大多数基于 IP 的网络那样,WDP 只需简单地使用 UDP/IP,便可以完成抽象服务。

此外,一些承载网络可以提供比 WDP 提供的抽象服务更多的功能。这时,WDP 可以直接使用承载网络协议,忽略由承载协议提供的额外的功能。比如,这种状况可在电路交换连接时产生。这些连接保证了分组的顺序,尽管不能保证可靠性,而高层 WAP 协议也可以提供类似功能,从而浪费一些网络带宽以及设备上的代码存储,这些状况相对来说很少发生,由于带宽没有受到足够重视,这种状况也就日趋严重了,WDP 抽象服务的互操作性利益远远超过了这方面的费用。

3.3.3.3 WAP 服务协议

由 WDP 保证的数据报抽象法是很受限制的。如果运行环境不能保证稳定性、安全性以及顺序和时间的准确性,应用程序很难得到实现。服务协议为应用环境提供了一些附加能力。不同于 WDP,这些服务层是一些协议,定义了一系列分组格式以及一个协议机制,用来决定什么时候应该传送哪一个类型的分组。因为这些协议在 WDP 的基础上采用,它们独立于下面的承载网络而进行设计和应用。一个网关可以通过简单地改变与传输有关的 WDP 的类型,来衔接两个承载网络之间的服务协议。

服务协议包括 3 层:无线传输层安全性、无线事务协议和无线会话层协议。

1)无线传输层安全性

无线传输层安全性(WTLS)协议是基于工业标准传输层安全(TLS)协议上产生的,也称为安全套接字(SSL),TLS 已被广泛地运用在 Internet 上。WTLS 具有以下功能:

(1)身份认证(Authentication)。WTLS 包含在终端和应用服务器之间建立认证的机制,这比 Internet 上传统的 X.509 进行认证所需要的带宽要小。

(2)数据保密性。WTLS 可以保证移动终端和源服务器之间的数据传输的安全,协议包括数据加密装置,它可防止第三方截获后偷看或修改资料,协议还可以防卫各种各样的安全攻击。

(3)数据完整性。WTLS 可以使数据在终端和应用服务器间通信时不会改变和破坏。

(4)服务拒绝保护。WTLS 可以检测和拒绝多次重发的数据和没有成功校验的数据,可以防卫针对拒绝服务的攻击,由于它在协议栈底部的附近,可以保护高层协议层。

WTLS 的认证和加密功能都需要消耗计算能力和带宽,WTLS 协议是可选的,一台设备一定支持 WTLS,甚至当它具有这个性能时,它的使用也是可以选择的,从而使 WAP 仍然能只占用最少的资源和在最小带宽的网络上使用。

2)无线事务协议

无线事务协议(WTP)可以在安全或不安全的无线数据报网络上运行,是为小型客户端的实现而设计的。WTP 通过传送承认收到信息、逾期没收到再传送信息以及查询用户承认接收数据的时间等方式,支持在设备和服务器之间可靠地交换信息,建立起发送者和接受者之间的端到端可靠性。协议可以通过允许每一次传送的资料获得承认的分级控制,减少它的带宽要求,通过推迟外传数据和承认数据,使得这些数据能更集中传输。当 WDP 传送的数据不多时,分级控制和集中传输起的作用不大。概括地说,WTP 通过丢失分组的重传、有选择的重传、流量控制等技术,提供下面三等级的服务:①可靠的单向请求;②不可靠的单向请求;③可靠的双向请求应答。

3)无线会话层协议

无线会话层协议(WSP)是 WAP 应用层上的协议,为两个会话服务提供一致的接口。它支持两种会话服务,运行在 WTP 协议上的面向连接的服务和在 WDP 上的无连接服务,无连接的服务可能安全,也可能不安全。WSP 也支持在客户设备上运行的 WAP 微浏览器,并且可以与低带宽、高延迟的无线网络进行通信。

WSP 层与 WWW 上的 HTTP 1.1 标准相似,一个 WAP 网关可以将接收到的 WSP 请示转换成 Internet 传送的 HTTP;同样,网关也可以将从 Internet 上接收到的 HTTP 应答转换为无线 WSP 应答。一个有 WAP 功能的网络服务器或一个 WAP 应用程序服务器也可以直接应用 WSP。WSP 同时还有许多与 HTTP 有关的限制特征,如会话、模块化以及二进制编码。

(1)会话。WSP 在客户和 WAP 网关之间建立一个长期的会话关系。这种会话提供了一个环境,请求和应答可以在此交换。一些 WAP 网关甚至包括前面一些 HTTP,允许一个拥有 WAP 功能的源服务器不使用编码 URLs 确认出这位客户的若干请求。在设备和网关之间的 WSP 会话可以接收到多个内容服务商的要求。这种会话甚至可以在客户的设备中经过几个周期之后继续。WSP 协议允许客户推迟并且在任何时间恢复会话,恢复会话只需要一个简单的客户网关握手装置。

(2)模块化。基本的 WSP 协议支持像 HTTP 一样的请求应答操作。当建立 WSP 会话时,一个客户机和网关可以忽视一些附加的特征或参数,因此,WSP 协议能支持非常多的应用类型,从浏览器请求应答模式到更复杂的基于消息和事务型的模式,这其中的一个限制便是 WSP 不易用 TCP/IP 支持的那种双向的"流"。

(3)二进制编码。HTTP 用 ASCII 描述协议操作,虽容易读和调试,但在低带宽网络上传送时消耗大。而 WSP 设计在无线环境操作,请求和应答头部名字,与其他头的普通值一样,被分配二进制值。因而,随着应用数据的交换,WSP 协议包含小的二进制序列的交换。

3.3.3.4 应用环境

WAP 应用环境由一系列标准组成,这些标准定义了一套可识别格式,用于下载内容和应用,这些标准在使用的设备上得到优化,其中有一个小显示屏,有限的输入控制(没有完整的键盘和鼠标)和受限制的存储能力。这些标准的建立都有一些相关基础,比如,内容是建立在 Internet 应用程序超文本标注语言(HTML)基础之上的,应用程序上则参考了 JavaScript(或 ECMAScript)语言,结构化数据则参考了可扩展的标记语言(XML),根据受限制的设备和网络环境,这些标准在使用时都进行了优化处理。

WAP 应用环境大部分仍然独立于 WAP 服务协议和层标准,实际上,基于 WAP 的内容能被下载到一个 WAP 应用环境中,这个环境可以在标准 Internet 协议中运行。这种方法对于连接高带宽 IP 网络的小屏幕电话是非常合适的。同样,标准 Internet 内容也能通过 WAP 协议下载到 Internet 应用程序中去。这种方法也可以解决与低带宽无线网络相联的全屏全键盘设备的使用问题。

3.3　蓝牙技术

3.3.1　蓝牙技术的特点

蓝牙(Bluetooth)技术是由爱立信、诺基亚、英特尔、IBM 和东芝五家公司于 1998 年 5 月共同提出并开发的。蓝牙技术的本质是设备间的无线连接,主要用于通信与信息传递。近年来,在电声行业中也开始使用蓝牙技术。一般情况下,工作范围是 10 m 半径之内,在此范围内,可进行多台设备间的互联。但对于某些产品,设备间的连接距离甚至远超 100 m 也照样能建立蓝牙通信与信息传递。

有了蓝牙技术,存储于手机中的信息可以在电视机上显示出来,也可以将其中的声音信息数据进行转换,以便在 PC(个人电脑)上聆听。东芝公司已开发了一种蓝牙无线 Modem 和 PC 卡,将两张卡中的一张插入 Modem 的主机上,另一张插入 PC(个人电脑),这样用户就成功实现了与因特网的无线联网。

蓝牙技术利用短距离、低成本的无线连接代替了电缆连接,从而为现存的数据网络和小型的外围设备接口提供了统一的连接。它具有优越的技术性能,以下阐述一些主要的特点。

3.3.1.1　开放性

"蓝牙"是一种开放的技术规范,该规范完全是公开的和共享的。为鼓励该项技术的应用推广,SIG 在其建立之初就制定了真正的完全公开的基本方针。与生俱来的开放性赋予了蓝牙强大的生命力。从它诞生之日起,蓝牙就是一个由厂商们自己发起的技术协议,完全公开,并非某一家独有和保密。只要是 SIG 的成员,都有权无偿使用蓝牙的新技术,而蓝牙技术标准制定后,任何厂商都可以无偿地拿来生产产品,只要产品通过 SIG 组织的测试并符合蓝牙标准,产品即可投入市场。

3.3.1.2 通用性

蓝牙设备的工作频段选在全世界范围内都可以自由使用的 2.4 GHz 的 ISM（工业、科学、医学）频段,这样用户不必经过申请便可以在 2400～2500 MHz 范围内选用适当的蓝牙无线电设备。这就消除了"国界"的障碍,而在蜂窝式移动电话领域,这个障碍已经困扰用户多年。

3.3.1.3 短距离、低功耗

蓝牙无线技术通信距离较短,消耗功率极低,因此更适合于小巧的、便携式的、由电池供电的个人装置。

3.3.1.4 无线"即连即用"

蓝牙技术最初是以取消连接各种电器之间的连线为目标的。主要面向网络中的各种数据及语音设备,如 PC、打印机、传真机、移动电话、数码相机等。蓝牙通过无线的方式将它们连成一个围绕个人的网络,省去了用户接线的烦恼,在各种便携式设备之间实现无缝的资源共享。任意"蓝牙"技术设备一旦搜寻到另一个"蓝牙"技术设备,马上就可以建立联系,而无须用户进行任何设置,可以解释成"即连即用"。

3.3.1.5 抗干扰能力强

ISM 频段是对所有无线电系统都开放的频段,因此使用其中的某个频段都可能会遇到不可预测的干扰源,例如某些家电、无绳电话、汽车库开门器、微波炉等,都可能是干扰源。为此,蓝牙技术特别设计了快速确认和跳频方案以确保链路稳定。跳频是蓝牙使用的关键技术之一。建立链路时,蓝牙的跳频速率为 3200 跳/秒;传送数据时,对于单时隙包,蓝牙的跳频速率为 1600 跳/秒;对于多时隙包,跳频速率有所降低。采用这样高的跳频速率,使得蓝牙系统具有足够高的抗干扰能力,且硬件设备简单、性能优越。

3.3.1.6　支持语音和数据通用

蓝牙的数据传输速率为 1 Mb/s,采用数据包的形式按时隙传送,每时隙 0.625 μs。蓝牙系统支持实时的同步定向连接和非实时的异步不定向连接,支持一个异步数据通道、3 个并发的同步语音通道。每一个语音通道支持 64 kb/s 的同步话音,异步通道支持最大速率为 72 1 kb/s,反向应答速率为 57.6 kb/s 的非对称连接,或者是速率为 432.6 kb/s 的对称连接。

3.3.1.7　组网灵活

蓝牙根据网络的概念提供点对点和点对多点的无线连接,在任意一个有效通信范围内,所有的设备都是平等的,并且遵循相同的工作方式。基于 TDMA 原理和蓝牙设备的平等性,任一蓝牙设备在主从网络(Piconet)和分散网络(Scatternet)中,既可做主设备(Master),又可做从设备(Slaver),还可同时既是主设备又是从设备。因此,在蓝牙系统中没有从站的概念。另外,所有的设备都是可移动的,组网十分方便。

3.3.1.8　软件的层次结构

和许多通信系统一样,蓝牙的通信协议采用层次式结构,其程序写在一个 9 nm×9 nm 的微芯片中。其低层为各类应用所通用,高层则视具体应用而有所不同,大体可分为计算机背景和非计算机背景两种方式,前者通过主机控制接口(Host Control Interface,HCI)实现高、低层的连接,后者则不需要 HCI。层次结构使其设备具有最大的通用性和灵活性。根据通信协议,各种蓝牙设备在任何地方,都可以通过人工或自动查询来发现其他蓝牙设备,从而构成主从网和分散网,实现系统提供的各种功能,使用起来十分方便。

3.3.2　蓝牙协议体系结构

蓝牙技术的一个主要目的就是使符合该规范的各种设备能够互通,这就要求本地设备和远端设备使用相同的协议。不同的应用,其使用的协议栈可能不同,但它们都必须使用蓝牙技术规范中的物理层和数据链路层。完整的蓝牙协议体系结构如图 3-12 所示。当然,不是任何应用都必须使用全部协议,可以只采用部分协议,例如语音通信时,只需经过基带协议(Baseband),而不用通过 L2CAP。

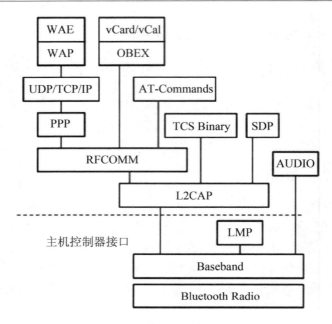

图 3-12　蓝牙协议体系结构

图 3-12 中的蓝牙协议体系又可以分为以下 4 层：

（1）核心协议：Baseband、LMP、L2CAP、SDP。

（2）电缆替代协议：RFCOMM。

（3）电话控制协议：TCSBinary、AT－Commands。

（4）选用协议：PPP、UDP/TCP/IP、OBEX、WAP、vCard/vCal、WAE。

除了上述协议层外，规范还定义了主机控制器接口（HCI），它为基带控制器、连接控制器、硬件状态和控制寄存器等提供命令接口。这些协议又可以分为蓝牙专有协议和非专有协议，此区分主要是在蓝牙专有协议的基础上，尽可能地采用和借鉴现有的各种高层协议（即非专有协议），使得现有的各种应用能移植到蓝牙上来，如 UDP/TCP/IP 等。蓝牙核心协议都是蓝牙专有的协议，绝大部分的蓝牙设备都需要这些协议。而 RFCOMM 和 TCS Binary 协议是 SIG 分别在 ETSITS07. 10 和 ITU－Recommendation Q. 931 协议的基础上制定的。选用协议则主要是各种已经广泛使用的高层协议。总之，电缆替代协议、电话控制协议和选用协议在核心协议的基础上构成了面向应用的协议。

3.3.2.1　核心协议

1）基带协议（Baseband）

蓝牙的网络拓扑结构如图 3-13 所示。它首先由一个个微微网（Piconet）构成。一个微微网中，只有一个蓝牙设备是主设备（Master），可以有 7 个从设备（Slaver），它们是由 3 位的 MAC 地址区分的。主设备的时钟和跳频序列用于同步同一个微微网中的从设备。多个独立的非同步的微微网又可以形成分布式网络（Scatternet），一个微微网中的主/从设备可以是另外一个微微网中的主/从设备，但是各个微微网通过使用不同的跳频序列来加以区分。基带协议就是确保各个蓝牙设备之间的物理射频连接，以形成微微网。蓝牙的射频系统是一个跳频系统，其任一分组在指定时隙、指定频率上发送，它使用查询（Inquiry）和寻呼（Page）进程同步不同设备间的发送频率和时钟，可为基带数据分组提供两种物理连接方式：同步面向连接（SCO）和异步非连接（ACL）。SCO 既能传输语音分组（采用 CVSD 编码），也能传输数据分组；而 ACL 只能传输数据分组。所有的语音和数据分组都附有不同级别的前向纠错（FEC）或循环冗余校验（CRC）编码，并可进行加密，以保证数据传输可靠。此外，对于不同的数据类型都会分配一个特殊的信道，可以传递连接管理信息和控制信息等。

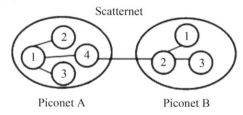

图 3-13　蓝牙的网络拓扑结构

2）连接管理协议（LMP）

连接管理协议负责蓝牙各设备间连接的建立。首先，它通过连接的发起、交换、核实，进行身份认证和加密；其次，它通过设备间协商以确定基带数据分组的大小；最后，它还可以控制无线部分的电源模式和工作周期，以及微微网内各设备的连接状态。

3）逻辑链路控制和适配协议（L2CAP）

逻辑链路控制和适配协议是基带的上层协议，可以认为它是与 LMP 并行工作的。它们的区别在于当数据不经过 LMP 时，则 L2CAP 将采用多路技术、分割和重组技术、群提取技术等为上层提供数据服务。虽然基带协议提供了 SCO 和 ACL 两种连接类型,但是 L2CAP 只支持 ACL,并允许高层协议以 64 kB/s 的速度收发数据分组。

4)服务发现协议(SDP)

使用服务发现协议,可以查询到设备信息和服务类型。之后,蓝牙设备之间的连接才能建立。

3.3.2.2　电缆替代协议

电缆替代协议(RFCOMM)是基于 ETSI07.10 规范的串行线仿真协议,它在蓝牙基带协议上仿真 RS-232 控制和数据信号,为使用串行线传送机制的上层协议(如 OBEX)提供服务。

3.3.2.3　电话控制协议

1)二元电话控制协议(TCS Binary)

二元电话控制协议是面向比特的协议,它定义了蓝牙设备间建立语音和数据呼叫的控制信令,定义了处理蓝牙 TCS 设备群的移动管理进程。

2)AT 命令集电话控制协议(AT-Commands)

在 ITU2TV.250 和 ETS300916(GSM07.07)的基础之上,SIG 定义了控制多用户模式下,移动电话、调制解调器和可用于传真业务的 AT 命令集。

3.3.2.4　选用协议

1)点对点协议(PPP)

PPP 是 IETF(Internet Engineering Task Force)制定的,在蓝牙技术中,它运行于 RFCOMM 之上,完成点对点的连接。

2)UDP/TCP/IP 协议

UDP/TCP/IP 协议也是由 IETF 制定的,是互联网通信的基本协议。在蓝牙设备中使用这些协议,是为了与互联网连接的设备进行通信。

3)对象交换协议(OBEX)

OBEX 是 IrOBEX 的简写,是由红外数据协会(IrDA)制定的会话层协议,它采用简单和自发的方式来交换对象。其基本功能类似于 HTTP,采用客户机/服务器模式,而独立于传输机制和传输应用程序接口(API)。另外,OBEX 专门提供了一个文件夹列表对象,用于浏览远端设备上的文件夹内容。目前,在我国使用的蓝牙协议有 1.0 和 2.0 版本,欧洲使用的蓝牙协议多为 2.2 版本。在蓝牙 1.0 协议中,RFCOMM 是 OBEX 唯一的传输层,在以后的版本中,有可能也支持 TCP/IP 作为传输层。

4)无线应用协议(WAP)

WAP 是由无线应用协议论坛(WAP Forum)制定的,它融合了各种广域无线网络技术,其目的是将互联网内容和电话传送的业务传送到数字蜂窝电话或者其他无线终端。选用 WAP,可以充分利用无线应用环境(WAE)开发的高层应用软件。

3.3.3　蓝牙系统的组成

蓝牙系统由无线单元、链路控制单元、链路管理器 3 部分组成。

3.3.3.1　无线单元

蓝牙是以无线 LAN 的 IEEE 802.11 标准技术为基础的,使用 2.45 GHz ISM 全球通自由波段。蓝牙天线属于微带天线,空中接口是建立在天线电平为 0 dBm 基础上的,遵从 FCC(美国联邦通信委员会)有关 0 dBm 电平的 ISM 频段的标准。当采用扩频技术时,其发射功率可增加到 100 mW。频谱扩展功能是通过起始频率为 2.402 GHz、终止频率为 2.480 GHz、间隔为 1 MHz 的 79 个跳频频点来实现的。其最大的跳频速率为 1660 跳/秒。系统设计通信距离为 10 cm～10 m,如增大发射功率,其距离可长达 100 m。

3.3.3.2　链路控制单元

链路控制单元(即基带)描述了硬件—基带链路控制器的数字信号处理规范,基带链路控制器负责处理基带协议和其他一些低层常规协议。

1)建立物理链路

在微微网内的蓝牙设备之间的连接被建立之前,所有的蓝牙设备都处于待命(Standby)状态。此时,未连接的蓝牙设备每隔 1.28 s 就周期性地"监听"信息。每当一个蓝牙设备被激活,它就将监听划给该单元的 32 个跳频频点。跳频频点的数目因地理区域的不同而异(32 这个数字只适用于使用 2.4000～2.4835 GHz 波段的国家)。作为主蓝牙设备,首先初始化连接程序,如果地址已知,则通过寻呼(Page)消息建立连接;如果地址未知,则通过一个后接寻呼消息的查询(Inquiry)消息建立连接。在最初的寻呼状态,主单元将在分配给被寻呼单元的 16 个跳频频点上发送一串 16 个相同的寻呼消息。如果没有应答,主单元则按照激活次序在剩余 16 个频点上继续寻呼。从单元收到从主单元发来的消息的最大延迟时间为激活周期的 2 倍(2.56 s),平均延迟时间是激活周期的一半(0.6 s)。查询消息主要用来寻找蓝牙设备,查询消息和寻呼消息很相像,但是查询消息需要一个额外的数据串周期来收集所有的响应。

2)差错控制

基带控制器有 3 种纠错方式:1/3 比例前向纠错(1/3FEC)码,用于分组头;2/3比例前向纠错(2/3FEC)码,用于部分分组;数据的自动请求重发方式(ARQ),用于带有 CRC(循环冗余校验)的数据分组。差错控制用于提高分组传送的安全性和可靠性。

3)验证和加密

蓝牙基带部分在物理层为用户提供保护和信息加密机制。验证基于"请求—响应"运算法则,采用口令/应答方式,在连接进程中进行,它是蓝牙系统中的重要组成部分。它允许用户为个人的蓝牙设备建立一个信任域,比如只允许主人自己的笔记本电脑通过主人自己的移动电话通信。

加密采用流密码技术,适用于硬件实现,它被用来保护连接中的个人信息。密钥由程序的高层来管理。网络传送协议和应用程序可以为用户提供一个较强的安全机制。

3.3.3.3　链路管理器

链路管理器(LM)软件模块设计了链路的数据设置、鉴权、链路硬件配置和其他一些协议。链路管理器能够发现其他蓝牙设备的链路管理器,并通过链路管理协议(LMP)建立通信联系。链路管理器提供的服务项目包括发送和接收数据、设备号请求(LM 能够有效地查询和报告名称或者长度最大可达 16 位的设备 ID)、链路地址查询、建立连接、验证、协商并建立连接方式、确定分组类型、设置保持方式及休眠方式。

3.3.4　蓝牙技术的应用

蓝牙的设计是为了在多用户的环境中操作。在一个微微网(Piconet)的小网络中,通信设备高达 8 台,10 个这样的微微网能在相同的蓝牙无线电波下共存。为提供安全性,每条链路都是编码的,并且避免监听和干扰。

蓝牙为 3 个使用短距离无线连接的通用应用领域提供支持:

（1）数据和语音接入点。通过为手持和固定通信设备提供便利的无线连接,蓝牙有助于实时语音和数据的传输。

（2）电缆替代。蓝牙消除了大量的、经常是所有的对电缆连接物的需要,这些需要是为了使任意种类的通信设备实际相连而产生的。连接是即时的,并且即使设备不在视线内也是可维护的。每个无线电设备的范围约为 10 m,但能通过一个可选的放大器延伸到 100 m。

（3）自组网络。只要进入范围内,一个配备蓝牙无线电的设备就能与另一个蓝牙无线电设备建立即时连接。

第4章　广域网技术

广域网(Wide Area Network，WAN)也称远程网，通常跨接很大的物理范围，所覆盖的范围从几十公里到几千公里，它能连接多个城市或国家，或横跨几个洲并能提供远距离通信，形成国际性的远程网络。广域网的通信子网主要使用分组交换技术。广域网的通信子网可以利用公用分组交换网、卫星通信网和无线分组交换网，它将分布在不同地区的局域网或计算机系统互联起来，达到资源共享的目的。本章主要研究广域网的基础理论、广域网的交换技术以及 PSTN 与帧中继。

4.1　广域网概述

4.1.1　广域网的定义、组成与特征

4.1.1.1　广域网的定义、组成

广域网并没有严格的定义，通常是指覆盖范围可达一个地区、国家甚至全球的长距离网络。广域网由一些节点交换机(也称通信处理机 IMP)以及连接这些交换机的链路(通信线路和设备)组成，距离没有限制。广域网的节点交换机实际上就是配置了通信协议的专用计算机，是一种智能型通信设备。除了传统的公用电话交换网之外，目前大部分广域网都采用存储转发方式进行数据交换，也就是说，广域网是基于分组交换技术的。为了提高网络的可靠性，节点交换机同时与多个节点交换机相连，目的是在两个节点交换机之间提供多条冗余的链路，这样当某个节点交换机或线路出现问题时不至于影响整个网络的运行。

广域网是指将不同城市、省区甚至国家之间的 LAN、MAN 利用远程数据通

信网连接起来的网络,可以提供计算机软、硬件和数据信息资源共享。因特网就是最典型的广域网,VPN 技术也属于广域网。

广域网是由一些节点交换机以及连接这些交换机的链路组成的。节点交换机执行数据分组的存储和转发功能,节点交换机之间都是点到点的连接,并且一个节点交换机通常与多个节点交换机相连,而局域网则通过路由器与广域网相连。如图 4-1 所示,S 为节点交换机,R 为路由器。

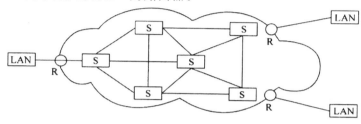

图 4-1　广域网的结构

4.1.1.2　广域网的特征

与局域网对比,广域网具有以下特征。

(1)覆盖区域大,通信距离可从数公里到数千公里。

(2)通信子网通常由电信部门负责建设,或借用现成的公共通信网络,不像局域网那样要用户自己建设。资源子网中的计算机也常常分属于不同的单位与部门,无论是通信子网或资源子网,均分别由多个而不是一个单位管理和负责。

(3)采用远程和宽带通信。广域网线路的传输速率在早期远较局域网为低,一般在 100 kb/s 以下,随着光纤干线的应用,现在的传输速率已可达到 Gb/s 的量级。

除了上述 3 点外,广域网还在以下两方面与局域网存在明显的差异。

(1)节点之间的通信方式不同。在局域网内,网内节点之间常采用多点访问(又称多点接入)方式。由于从一个节点发出的信息可以被多个其他节点接收,因此局域网也称为广播通信方式。而在广域网内,节点之间常采用点到点方式进行通信。例如,个人或家庭用户通过电话拨号方式接入因特网,就是点到点通信方式最常见的应用。

(2)采用的网络协议层次不同。局域网采用的协议对应于数据链路层,支持将由“0”“1”组成的比特流组成数据帧,在链路上实现无差错的传输;而广域网采用的协议属于网络层与传输层,其功能是将报文分组(Packet)按照选择的“路由”从源节点传送到目的节点,并支持将报文(Message)在两台主机间实现点到点的传输。

4.1.2 广域网的分类与协议层次

4.1.2.1 广域网的分类

按照通信形式的不同,广域网分为通信广域网和计算机广域网。

1)通信广域网

公共电话交换网(Public Switched Telephone Network,PSTN)、X.25分组交换网、数字数据网(Digital Data Network,DDN)、帧中继(Frame Relay,FR)和综合业务数字网(ISDN)以及近年来兴起的数字用户线路(Digital Subscribe Line,DSL)等都是通信广域网。

2)计算机广域网

目前,人们经常利用通信广域网来建设计算机广域网,或利用通信广域网来实现计算机广域网的接入。例如,ChinaNet是中国的Internet,它就是借助于DDN提供的高速中继线路,使用超高速路由器,组成了覆盖全国各省市并连通国际Internet的计算机广域网。

另外,按照使用形式不同,广域网可分为公共传输网络、专用传输网络和无线传输网络。

1)公共传输网络

公共传输网络一般是由政府电信部门组建、管理和控制的,网络内的传输和交换装置可以提供(或租用)给任何部门和单位使用。公共传输网络的主要形式包括电路交换网络和分组交换网络。

2)专用传输网络

专用传输网络一般是由一个组织或团体自己建立、使用、控制和维护的私有通信网络,主要形式是数字数据网DDN。

3)无线传输网络

无线传输网络主要是指无线移动通信网,包括全球移动通信系统(Global System of Mobile communication,GSM)、通用无线分组业务(General Packet Radio Service,GPRS)网、第三代移动通信网等。

4.1.2.2 广域网的协议层次

广域网是在一个广泛范围内建立的计算机通信网。广泛的范围是对地理范围而言,可以超越一个城市、一个国家直至全球。因此对通信的要求高,也比较复杂。

在实际应用中,广域网可与局域网互联,即局域网可以是广域网的一个终端系统。组织广域网,必须按照一定的网络体系结构和相应的协议进行,以实现不同系统的互联和相互协同工作。

广域网是一种跨地区的数据通信网络,使用电信运营商提供的设备作为信息传输平台。对照 OSI 参考模型,广域网技术主要位于底层的 3 个层次,分别是物理层、数据链路层和网络层。从某种角度来说,广域网技术更偏向于底层的网络通信技术,至少从协议层次上可以这样理解。但这些内容都比较抽象,看不见摸不着,但从整体上讲必须掌握这些理论知识。不可否认,广域网技术除了底层的数据通信技术外,还包括许多其他方面的内容,比如广域网的设备连接技术、配置技术和网络的规划、组建、测试技术等。图 4-2 列出了一些经常使用的广域网协议同 OSI 参考模型之间的对应关系。

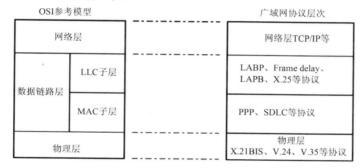

图 4-2　广域网协议层

4.1.3　广域网服务

4.1.3.1　广域网提供的服务

广域网中最高层是网络层,网络层为上层提供的服务分为两种,即无连接的网络服务和面向连接的网络服务。

1)无连接的网络服务

无连接的网络服务的具体实现就是数据报服务,其特点如下。

(1)在数据发送前,通信的双方不建立连接。

(2)每个分组独立进行路由选择,具有高度的灵活性。但也需要每个分组都携带地址信息,而且先发出的分组不一定先到达,没有服务质量保证。

(3)网络也不保证数据不丢失,用户自己来负责差错处理和流量控制,网络只是尽最大努力将数据分组或包传送给目的主机,称为尽最大努力交付。

2)面向连接的网络服务

面向连接的服务的具体实现是虚电路服务,其特点如下。

(1)在数据发送前要建立虚拟连接,每个虚拟连接对应一个虚拟连接标识,网络中的节点交换机看到这个虚拟连接标识,就知道该将这个分组转发到哪个端口。

(2)建立虚拟连接要消耗网络资源。但是,虚拟连接的建立相当于一次就为所有分组进行了路由选择,分组只需要携带较短的虚拟连接标识,而不用携带较长的地址信息。不过,如果虚电路中有一段故障,则所有分组都无法到达。

(3)虚电路服务可以保证按发送的顺序收到分组,有服务质量保证,而且差错处理和流量控制可以选择是由用户负责还是由网络负责。

3)两种服务的比较

计算机网络上传送的报文长度,一般较短。若采用128个字节为分组长度,则往往一次传送一个分组就够了。在这种情况下,用数据报既迅速,又经济,若用虚电路服务,为了传送一个分组而建立和释放虚拟连接就显得太浪费网络资源了。

两种服务的根本区别在于由谁来保证通信的可靠性。虚电路服务认为,网络作为通信的提供者,有责任保证通信的可靠性,网络来负责保证可靠通信的一切措施,这样用户端就可以做得很简单。数据报服务认为,网络应在任何恶劣条件下都可以生存,同时,多年实践证明,不管网络提供的服务多么可靠,用户仍需要负责端到端的可靠性。不如干脆由用户负责通信的可靠性,以简化网络结构。虽然网络出了差错由主机来处理要耗费一定时间,但由于技术的进步使网络出错的概率越来越小,因此让主机负责端到端的可靠性不会给主机增加很大的负担,反而利于更多的应用在简单网络上运行。

采用数据报服务的广域网的典型代表是 Internet,而采用虚电路服务的广域网主要有 X.25 网络、帧中继网络和 ATM 网络。

4.1.3.2 广域网服务的常用设备

广域网服务的常用设备包括路由器、通信网交换机、信道服务单元/数据服务单元(Channel Service Unit Data Service Unit,CSU/DSU)和通信服务器等。

1)路由器

路由器属于用户方设备,是实现远程通信的关键设备。它提供网络层服务,可以选择 IP、IPX、AppleTalk 等不同协议,也可以为线路和子网提供各种同步或异步串行接口和以太网的接口。路由器是一种智能化设备,能够动态地控制资源并支持网络的任务和需求,实现远程通信的连通性、可靠性和可管理性。路由器的配置被视为用户终端设备 DTE,其配置是最为复杂的一种网络通信设备。

2)通信网络交换机

通信网络交换机在一般资料中称为广域网交换机,是远程通信网的关键设备,属于电信公司或 ISP 所有。它是一种多端口交换设备,如专用小型电话交换机(Private Branch telephone eXchange,PBX)等。其交换方式如帧中继和 X. 25 等,通信网交换机在全国、省市县之间采用混合网络拓扑进行互联,能够提供极其充分的四通八达的数据链路,它工作在数据链路层,可以选择运行 PPP、HDLC 等链路层协议,在通信连接中被视为数据端接设备 DCE。

3)信道服务单元/数据服务单元

信道服务单元 CSU 是连接 DTE 到本地数字电路的一个装置,它能将 LAN 的数据帧转化为适合通信网使用的数据传送方式,或者相反。CSU 还能够向通信网线路发送信号,或者从通信网线路接收信号,并为该单元的输入/输出端提供屏蔽电子干扰的功能;同时,CSU 还能够返回电信公司用于信道检测的信号。数据服务单元 DSU 能够提供对电信线路保护与故障诊断的功能。

这两种服务单元的典型应用组合成一个具有独立功能的单元,实际上相当于一个调制解调器的作用。在使用中首先要从电信公司或 ISP 租用一条如 DDN 数据专线,然后在用户终端和电信线路两端安装 CSU/DSU 设备,使 DTE 上的物理接口与数据专线传输设备相适应,从而对传输系统提供控制、管理与服务的功能。

4)ISDN 终端适配器

ISDN 终端适配器(ISDN Terminal Adapter,ISDN－TA)是通过 ISDN 基本速率接口与其他接口连接的设备,实质上就是一个 ISDN 调制解调器。

4.2　广域网的交换技术

4.2.1　点对点链路

点对点链路提供的是一条预先建立的从运营商网络到达远端目标网络的广域网通信路径。一条点对点链路就是一条租用的专线,可以在数据收发双方之间建立起永久性的固定连接。点对点链路可以提供两种数据传送方式:一种是数据报传送方式,主要是将数据分割成一个小的数据帧进行传送,其中每一个数据帧都带有自己的地址信息,需要进行地址校验;另一种是数据流传送方式,该方式与数据报传送方式不同,用数据流取代一个个的数据帧作为数据发送单位,整个数据流具有一个地址信息,只需要进行一次地址验证即可。

点对点线路的定价通常由带宽需要和两个连接点间的距离来决定。因此,点对点线路比共享设备(如帧中继)的造价更为昂贵。

4.2.2 线路交换方式

线路交换(Circuit Exchanging)方式与电话交换方式的工作过程很类似。两台计算机通过通信子网进行数据交换之前,首先要在通信子网中建立一个实际的物理线路连接,典型的线路交换过程如图 4-3 所示。

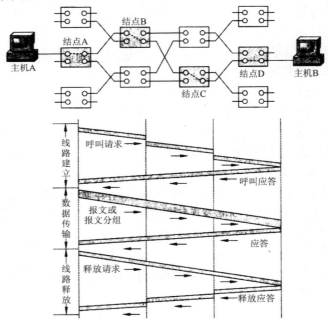

图 4-3 线路交换方式的工作原理

4.2.2.1 线路交换方式的通信过程

线路交换方式的通信过程分为以下 3 个阶段。

1)线路建立阶段

如果主机 A 要向主机 B 传输数据,首先要通过通信子网在主机 A 与主机 B 之间建立线路连接。主机 A 首先向通信子网中节点 A 发送"呼叫请求包",其中含有需要建立线路连接的源主机地址与目的主机地址。节点 A 根据目的主机地址,根据路选算法,如选择下一个节点为 B,则向节点 B 发送"呼叫请求包";节点 B 接到呼叫请求后,同样根据路选算法,如选择下一个节点为节点 C,则向节点 C 发送"呼叫请求包";节点 C 接到呼叫请求后,也要根据路选算法,如选择下一个节点为节点 D,则向节点 D 发送"呼叫请求包";节点 D 接到呼叫请求后,向与其直接连接的主机 B 发送"呼叫请求包";主机 B 如接受主机 A 的呼叫连接请求,则通过已经建立的物理线路连接"节点 D－节点 C－节点 B－节点 A",向主机 A 发送"呼叫应答包"。至此,从"主机 A－节点 A－节点 B－节点 C－节点 D－主机 B"的专用物理线路连接建立完成。该物理连接为此次主机 A 与主机 B 的数据交换服务。

2)数据传输阶段

在主机 A 与主机 B 通过通信子网的物理线路连接建立以后,主机 A 与主机 B 就可以通过该连接实时、双向交换数据。

3)线路释放阶段

在数据传输完成后,就要进入线路释放阶段。一般可以由主机 A 向主机 B 发出"释放请求包",主机 B 同意结束传输并释放线路后,将向节点 D 发送"释放应答包",然后按照节点 C－节点 B－节点 A－主机 A 次序,依次将建立的物理连接释放,这时,此次通信结束。

4.2.2.2　线路交换方式的特点

线路交换方式的特点是:通信子网中的节点是用电子或机电结合的交换设备来完成输入与输出线路的物理连接。交换设备与线路分为模拟通信与数字通信两类。线路连接过程完成后,在两台主机之间已建立的物理线路连接为此次通信专用。通信子网中的节点交换设备不能存储数据,不能改变数据内容,并且不具备差错控制能力。

线路交换方式的优点是:通信实时性强,适用于交互式会话类通信。线路交换方式的缺点是:对突发性通信不适应,系统效率低;系统不具有存储数据的能力,不能平滑交通量;系统不具备差错控制能力,无法发现与纠正传输过程中发生的数据差错。在进行线路交换方式研究的基础上,人们提出了存储转发交换方式。

4.2.3 存储转发交换方式

4.2.3.1 存储转发的基本概念

存储转发交换（Store—and—Forward Exchanging）方式与线路交换方式的主要区别表现在以下两个方面：发送的数据与目的地址、源地址、控制信息按照一定格式组成一个数据单元（报文或报文分组）进入通信子网；通信子网中的节点是通信控制处理机，它负责完成数据单元的接收、差错校验、存储、路选和转发功能。

存储转发方式的优点主要有以下几点。

（1）由于通信子网中的通信控制处理机可以存储报文（或报文分组），因此多个报文（或报文分组）可以共享通信信道，线路利用率较高。

（2）通信子网中通信控制处理机具有路选功能，可以动态选择报文（或报文分组）通过通信子网的最佳路径，同时可以平滑通信量，提高系统效率。

（3）报文（或报文分组）在通过通信子网中的每个通信控制处理机时，均要进行差错检查与纠错处理，因此可以减少传输错误，提高系统的可靠性。

（4）通过通信控制处理机，可以对不同通信速率的线路进行速率转换，也可以对不同的数据代码格式进行变换。

正是由于存储转发交换方式有以上明显的优点，因此，它在计算机网络中得到了广泛的使用。

4.2.3.2 存储转发的分类

存储转发交换方式可以分为两类：报文交换（Message Exchanging）与报文分组交换（Packet Exchanging）。因此，在利用存储转发交换原理传送数据时，被传送的数据单元相应可以分为两类：报文（Message）与报文分组（Packet）。

如果在发送数据时，不管发送数据的长度是多少，都把它当作一个逻辑单元，那么就可以在发送的数据上加上目的地址、源地址与控制信息，按一定的格式打包后组成一个报文。另一种方法是限制数据的最大长度，典型的最大长度是1000或几千比特。发送站将一个长报文分成多个报文分组，接收站再将多个报文分组按顺序重新组织成一个长报文。

报文分组通常也被称为分组。报文与报文分组结构的区别如图4-4所示。

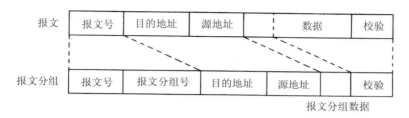

图 4-4 报文和报文分组结构

由于分组长度较短,在传输出错时,检错容易并且重发花费的时间较少,这就有利于提高存储转发节点的存储空间利用率与传输效率,因此成为当今公用数据交换网中主要的交换技术。目前,美国的 TELENET、TYMNET 以及中国的 CHINAPAC 都采用了分组交换技术。这类通信子网称为分组交换网。

分组交换技术在实际应用中,又可以分为以下两类:数据报方式(Datagram,DG)、虚电路方式(Virtual Circuit,VC)。

4.2.4 数据报方式

数据报是报文分组存储转发的一种形式。与线路交换方式相比,在数据报方式中,分组传送之间不需要预先在源主机与目的主机之间建立"线路连接"。源主机所发送的每一个分组都可以独立地选择一条传输路径。每个分组在通信子网中可能是通过不同的传输路径从源主机到达目的主机。典型的数据报方式的工作原理如图 4-5 所示。

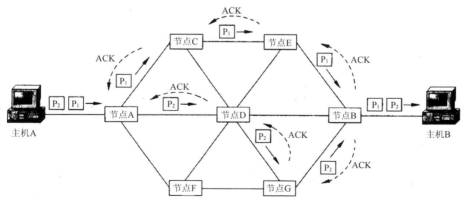

图 4-5 数据报方式的工作原理

4.2.4.1 数据报方式的工作过程

数据报方式的工作过程可以分为以下 3 个步骤：

(1)源主机 A 将报文 M 分成多个分组 $P_1,P_2,\cdots,P_n$，依次发送到与其直接连接的通信子网的通信控制处理机 A(即节点 A)。

(2)节点 A 每接收一个分组均要进行差错检测，以保证主机 A 与节点 A 的数据传输的正确性；节点 A 接收到分组 $P_1,P_2,\cdots,P_n$ 后，要为每个分组进入通信子网的下一节点启动路选算法。由于网络通信状态是不断变化的，分组 P_1 的下一个节点可能选择为节点 C，而分组 P_2 的下一个节点可能选择为节点 D，因此同一报文的不同分组通过子网的路径可能是不同的。

(3)节点 A 向节点 C 发送分组 P_1 时，节点 C 要对 P_1 传输的正确性进行检测。如果传输正确，节点 C 向节点 A 发送正确传输的确认信息 ACK；节点 A 接收到节点 C 的 ACK 信息后，确认 P_1 已正确传输，则废弃 P_1 的副本。其他节点的工作过程与节点 C 的工作过程相同。这样，报文分组 P_1 通过通信子网中多个节点存储转发，最终正确地到达目的主机 B。

4.2.4.2 数据报方式的特点

从以上讨论可以看出，数据报工作方式具有以下特点。

(1)同一报文的不同分组可以由不同的传输路径通过通信子网。

(2)同一报文的不同分组到达目的节点时可能出现乱序、重复与丢失现象。

(3)每一个分组在传输过程中都必须带有目的地址与源地址。

(4)数据报方式报文传输延迟较大，适用于突发性通信，不适用于长报文、会话式通信。

4.2.5 虚电路方式

在研究数据报交换方式的优缺点的基础上，人们进一步提出了虚电路交换方式。

虚电路方式试图将数据报方式与线路交换方式结合起来，发挥两种方法的优点，达到最佳的数据交换效果。虚电路方式在分组发送之前，需要在发送方和接收方建立一条逻辑连接的虚电路。典型的虚电路方式的工作原理如图 4-6 所示。

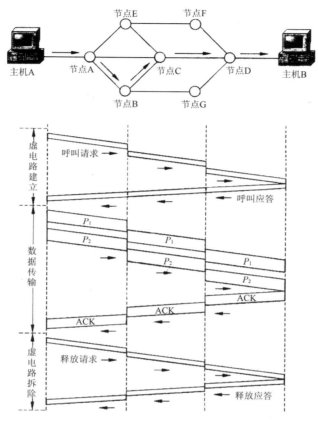

图 4-6 虚电路方式的工作原理

4.2.5.1 虚电路方式的工作过程

虚电路方式的工作过程可以分为以下 3 个步骤。

1)虚电路建立阶段

在虚电路建立阶段,节点 A 启动路由选择算法选择下一个节点(如节点 B),向节点 B 发送呼叫请求分组;同样,节点 B 也要启动路选算法选择下一个节点。依此类推,呼叫请求分组经过节点 A—节点 B—节点 C—节点 D,发送到目的节点 D。目的节点 D 向源节点 A 发送呼叫接收分组,至此虚电路建立。

2)数据传输阶段

在数据传输阶段,虚电路方式利用已建立的虚电路,逐站以存储转发方式顺序传送分组。

3)虚电路拆除阶段

在虚电路拆除阶段,将按照节点 D—节点 C—节点 B—节点 A 的顺序依次拆除虚电路。

4.2.5.2 虚电路方式的特点

虚电路方式具有以下几个特点。

(1)在每次报文分组发送之前,必须在发送方与接收方之间建立一条逻辑连接。之所以说是一条逻辑连接,是因为连接发送方与接收方的物理链路已经存在,不需要真正去建立一条物理链路。

(2)一次通信的所有报文分组都通过这条虚电路顺序传送,因此报文分组不必带目的地址、源地址等辅助信息。报文分组到达目的节点时不会出现丢失、重复与乱序的现象。

(3)报文分组通过虚电路上的每个节点时,节点只需要做差错检测,而不需要做路径选择。

(4)通信子网中每个节点可以和任何节点建立多条虚电路连接。

由于虚电路方式具有分组交换与线路交换两种方式的优点,因此在计算机网络中得到了广泛的应用。X.25 网支持虚电路交换方式。

4.3 PSTN 与帧中继

4.3.1 PSTN

PSTN(Public Switched Telephone Network),即公共交换电话网络。电话网是开放电话业务为广大用户服务的通信网络,电话网从设备上讲是由交换机、传输电路(用户线和局间中继电路)和用户终端设备(即电话机)3 部分组成的。按电话使用范围分类,电话网可分为本地电话网、国内长途电话网和国际长途电话网。本地电话网是指在一个统一号码长度的编号区内,由端局、汇接局、局间中继线、长途中继线以及用户线和电话机组成的电话网;国内长途电话网是指全国各城市间用户进行长途通话的电话网,网中各城市都设一个或多个长途电话局,各长途局间由各级长途电路连接起来;国际长途电话网是指将世界各国的电话网相互连接起来进行国际通话的电话网。

目前,电话网基本发展为程控数字网,即各级交换中心均装用程控数字交换设备,传输电路均为数字电路。这是分布最广、使用最为普遍的通信连接方法。现在我国大部分地区的长途中继线都已经实现了光纤化、数字化,线路质量完全能够满足计算机通信的需要。因此,在电话网中增加少量设备就能利用电话线路实现远程通信。PSTN 用户端的接入速度是 2.4 kb/s,通过编码压缩,一般可达 9.6~56 kb/s,它需要异步调制解调器与电话线连接,通过电话线以拨号方式接入网络,实现广域网连接。

4.3.1.1 PSTN 结构

PSTN 结构如图 4-7 所示,主要由以下 3 部分组成:用户线路、主干和交换局。

图 4-7 PSTN 结构

用户线路由普通双绞线构成,并采用模拟信号进行传输。主干线路一般由光线或微波线路构成,采用数字信号传输。

如果接在某一本地局上的用户呼叫接在另一本地局上的用户,则由本地局的交换设备为两个用户建立直接的电路连接,在整个通话过程中,这个连接一直保持着。如果接在某一本地局上的用户呼叫另一个接在不同本地局上的用户,则必须经过长话局。

4.3.1.2 用 PSTN 访问 Internet

尽管目前由其他途径可以连入 Internet,但通过 PSTN 访问 Internet 仍是大部分个人用户所采取的方法。

PSTN 的入网方式比较简单灵活,通常有以下几种选择方式。

1)通过普通拨号电话线入网

只要在通信双方原有的电话线上并接 Modem,再将 Modem 与相应的入网设备相连即可。目前,大多数入网设备(如 PC)都提供有若干个串行端口,在串行口和 Modem 之间采用 RS—232 等串行接口规范进行通信,如图 4-8 所示。

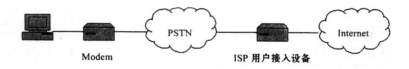

图 4-8　通过 PSTN 访问 Internet

这种方法在家庭环境中使用很方便,只要有连接到家庭的电话线,购买一个 Modem,并向当地电信局申请一个 Internet 账号,就可以拨号来连接到 Internet。

Modem 的数据传输速率最大能够提供到 56 kbit/s。这种连接方式的费用比较经济,收费价格与普通电话的费率相同,适用于通信不太频繁的场合(如家庭用户入网)。

2)通过租用电话专线入网

与普通拨号电话线方式相比,租用电话专线可以提供更高的通信速率和数据传输质量,但相应的费用也较前一种方式为高。使用专线的接入方式与使用普通拨号线的接入方式没有太大区别,但是省去了拨号连接的过程。通常,当决定使用专线方式时,用户必须向所在地的电信部门提出申请,由电信部门负责架设和开通。

4.3.1.3　PSTN 工作原理

拨号线连接方法的实质是利用由电话交换机和电话线路组成的公用交换电话网进行数据传输。PSTN 原本是传输话音信号的,它提供的是一条模拟信道,该信道只能传输模拟信号。为了能在模拟信道上传输数据,实现计算机之间的通信,就必须进行数据转换,数据转换由调制解调器(Modem)完成。其工作原理是:发送方的计算机在发送数据时,首先通过异步接口(COM1~COM4)把数据传送给 Modem。发送端 Modem 把数字信号调制为模拟信号,并经 PSTN 将信号传送给接收端 Modem。接收端 Modem 把接收到的模拟信号进行解调,恢复为数字信号,再送给计算机。

4.3.1.4　拨号线连接方法的主要特点

(1)拨号线连接借助于公用交换电话网,PSTN 是普遍存在的,因此,采用拨号线连接方法投资少、见效快、成本低,是家庭电脑联网使用最广泛的一种技术。

(2)用双绞线传输介质,即普通电话线。

(3)采用电路交换技术。

（4）由于拨号线连接借助于公用电话交换网，因此通信距离不受限制，凡PSTN 能通达的地方，拨号线连接的网络也能到达。所以拨号线连接能跨越城市、国家。

（5）PSTN 提供的是一条模拟信道，在其上传输的是模拟信号。计算机的数字信号不能在模拟信道上直接传输，因此，借用 PSTN 完成数据通信时，通信双方都必须使用连接设备调制解调器（Modem）。

（6）传输速率比较低，一般为 9.6～56 kb/s，经 Modem 硬件压缩后，速率可达115.2 kb/s。

（7）话音传输和计算机数据通信不能同时进行。

（8）网络结构简单、清晰，拓扑结构为星型。

（9）适宜单个计算机接入网络。

4.3.2　帧中继

4.3.2.1　帧中继的定义

帧中继（Frame Relay，FR）是在 OSI 第二层上用简化的方法传送和交换数据单元的一种技术。因此，帧中继仅完成 OSI 物理层和链路层核心层的功能，而将流量控制、纠错等留给智能终端去完成。这样大大简化了节点机之间的协议。同时，帧中继采用虚电路技术，能充分利用网络资源，因而它有吞吐量大、时延小、适用于突发性业务等特点。

帧中继对于 ATM 网络是一个重要的接入可选项。对于 ISDN，也可以将帧中继引入其中，帧结构与 ISDN 的 LAPD 结构一致，可以进行逻辑复用，作为一种新的承载业务。

4.3.2.2　帧中继的主要特点

（1）帧中继只完成 OSI/RM 中物理层和数据链路层的功能，将流量控制和纠错等功能交给智能终端去完成，从而大大简化了节点间的协议，提高了传输速率，减少了网络时延。

（2）帧中继采用了虚电路技术，能充分利用网络资源，因而帧中继具有吞吐量大、适合突发性业务等特点。

（3）有统一的国际标准，易于互联和兼容，且帧中继网络与协议无关。

4.3.2.3 帧中继的体系结构

帧中继是一种基于可变帧长度的数据传输网络,既可采用"帧交换",也可采用"信元交换"。

帧中继的第一层(物理层)的用户平面程序使用 I.430~I.431 标准,第二层(数据链路层)的用户平面程序使用 Q.922 标准的核心功能,主要包括帧定界、帧校验、帧复用/分用、帧传输差错检测、帧长度检测和拥塞控制等,能够对用户信息流量进行统计复用,并且可以保证在两个 S 或 T 参考点之间双向传送的业务数据单元的顺序。帧中继的协议结构如图 4-9 所示。

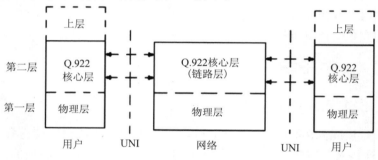

图 4-9 帧中继的协议结构

Q.922 是 CCITT 1992 年发布的一个标准,相当于数据链路层协议,主要用于在用户层面上完成实际的用户数据传输功能。

4.3.2.4 帧中继的工作原理

在 X.25 网络发展初期,网络传输设施基本是借用了模拟电话线路,这种线路非常容易受到噪声的干扰而产生误码。为了确保传输无差错,X.25 在每个节点都需要做大量的处理。例如,X.25 的数据链路层协议 LAPB 保证了帧在节点间无差错传输。在网络中的每一个节点,只有当收到的帧已进行了正确性检查后,才将它交付给第三层协议。对于经历多个网络节点的帧,这种处理帧的方法会导致较长的时延。除了数据链路层的开销,分组层协议为确保在每个逻辑信道上按序正确传送,还要有一些处理开销。

今天的数字光纤网比早期的电话网具有低得多的误码率,因此,我们完全可以简化 X.25 的某些差错控制过程。如果减少节点对每个分组的处理时间,则各分组通过网络的时延亦可减少,同时节点对分组的处理能力也就增强了。

帧中继就是一种减少节点处理时间的技术。帧中继不使用差错恢复和流量控制机制,当帧中继交换机收到一个帧的首部时,只要一查出帧的目的地址就立即进行转发。因此在帧中继网络中,一个帧的处理时间比 X.25 网络减少一个数量级。这样,帧中继网络的吞吐量要比 X.25 网络的提高一个数量级以上。

那么若出现差错该如何处理呢? 显然,只有当整个帧被收下后该节点才能够检测到比特差错。但是当节点检测出差错时,很可能该帧的大部分已经转发出去了。

解决这一问题的方法实际上非常简单。当检测到有误码时,节点要立即中止这次传输。当中止传输的指示到达下个节点后,下个节点也立即中止该帧的传输,并丢弃该帧。如果需要重传出错的帧,那也是源站使用高层协议(而不是帧中继协议)请求重传该帧。因此,仅当帧中继网络本身的误码率非常低时,帧中继技术才是可行的。

当正在接收一个帧时就转发此帧,通常被称为快速分组交换(Fast Packet Switching)。快速分组交换在实现的技术上有两大类,它是根据网络中传送的帧长是可变的还是固定的来划分。在快速分组交换中,当帧长为可变时就是帧中继;当帧长为固定时(这时每一个帧叫作一个信元)就是信元中继(Cell Relay),异步传递方式 ATM 就属于信元中继。

帧中继的呼叫控制信令是在与用户数据分开的另一个逻辑连接上传送的(即共路信令或带外信令)。这点和 X.25 很不相同。X.25 使用带内信令,即呼叫控制分组与用户数据分组都在同一条虚电路上传送。

帧中继的逻辑连接的复用和交换都在第二层处理,而不是像 X.25 在第三层处理。

帧中继网络向上提供面向连接的虚电路服务。虚电路一般分为交换虚电路 SVC 和永久虚电路 PVC 两种,但帧中继网络通常为相隔较远的一些局域网提供链路层的永久虚电路服务。永久虚电路的好处是在通信时可省去建立连接的过程。如果有 N 个路由器需要用帧中继网络进行连接,那么就一共需要有 $N(N-1)/2$ 条永久虚电路。图 4-10(a)是一个例子,帧中继网络有 4 个帧中继交换机。帧中继网络与局域网相连的交换机相当于 DCE,而与帧中继网络相连的路由器则相当于 DTE。当帧中继网络为其两个用户提供帧中继虚电路服务时,对两端的用户来说,帧中继网络所提供的虚电路就好像在这两个用户之间有一条直通的专用电路,如图 4-10(b)所示。用户看不见帧中继网络中的帧中继交换机。

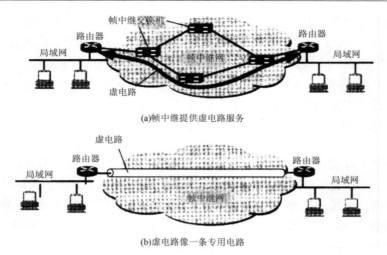

(a)帧中继提供虚电路服务

(b)虚电路像一条专用电路

图 4-10　帧中继网络提供的服务

下面用简单的例子说明帧中继网络的工作过程。

当用户在局域网上传送的 MAC 帧传到与帧中继网络相连接的路由器时,该路由器就剥去 MAC 帧的首部,将 IP 数据报交给路由器的网络层。网络层再将 IP 数据报传给帧中继接口卡。帧中继接口卡把 IP 数据报封装到帧中继帧的信息字段中,加上帧中继帧的首部(其中包括帧中继的标志字段和地址字段,帧中继帧的标志字段和 PPP 帧的一样),进行 CRC 检验后,加上帧中继帧的尾部(其中包含帧检验序列字段和标志字段),如图 4-11 所示。然后帧中继接口卡将封装好的帧通过向电信公司租来的专线发送给帧中继网络中的帧中继交换机。帧中继交换机在收到一个帧时,就按地址字段中的虚电路号对帧进行转发(若检查出有差错则丢弃)。为了区分开不同的永久虚电路 PVC,每一条 PVC 的两个端点都各有一个数据链路连接标识符 DLCI(Data Link Connection Identifier)。

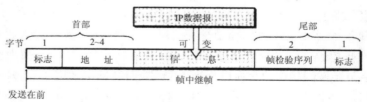

图 4-11　IP 数据报被封装成帧中继帧

当该帧中继帧被转发到虚电路的终点路由器时,终点路由器就剥去帧中继帧的首部和尾部,加上局域网的首部和尾部,交付给连接在此局域网上的目的主机。

目的主机若发现有差错,则报告上层的 TCP 协议处理。即使 TCP 协议对有错误的数据进行了重传,帧中继网也仍然当作是新的帧中继帧来传送,而并不知道这里面是重传的数据。

根据帧中继的特点,可以知道帧中继适用于大文件(如高分辨率图像)的传送、多个低速率线路的复用以及局域网的互联。

4.3.2.5 帧中继约定信息速率

帧中继使用了一种称为约定信息速率(Commited Information Rate,CIR)的机制,每一个帧中继的虚电路(VC)都有一个约定信息速率。

在帧中继网络中,每个帧通过帧头中的丢弃指示位 DE 来标记帧的优先级。如果 DE 为 0 就为高优先级,为 1 则是低优先级。如果一个帧标识为高优先级,那么帧中继网络就应该保证在任何条件下都将该帧传送到目的地,除非帧中继网络出现严重拥塞的情况。而对于低优先级的帧,帧中继网络允许在拥塞的情况下将该帧丢弃。当帧中继交换机上的输出缓冲区快要发生溢出时,交换机将首先丢弃低优先级的帧。

帧的 DE 标志是如何打上去的呢? 帧中继终端是通过接入交换机连入帧中继网络的。接入交换机的速率一般是从 64 kbps~1.544 Mbps~2.048 Mbps。接入交换机负责对从帧中继终端发来的帧打标记。

为了对帧打优先级标记,接入交换机每隔一段很短的固定时间就测量帧中继终端发给接入交换机的数据量,测量时间一般用 T_c 表示,值为 100 ms~1 s。

下面我们对 CIR 机制进行详细描述。每一个从帧中继终端出发的 VC 都被分配一个 CIR,其单位是 bps。终端用户首先向帧中继服务提供商购买 CIR 服务,如果帧中继终端产生的帧速率小于 CIR,则接入交换机就将所有的帧都标记为高优先级(DE=0)。但是,如果帧中继终端产生帧的速率超过了 CIR,那么超过 CIR 部分的帧都将标记为低优先级(DE=1)。更确切地说,每经过一个测量间隔 T_c,接入交换机都将帧中继终端产生的前 CIR×T_c 比特的帧标记为高优先级(DE=0),而将其余的帧标记为低优先级(DE=1)。

下面通过一个具体的例子来说明帧中继是如何提供 CIR 的:假设帧中继服务商使用的测量间隔 T_c=500 ms,而帧中继终端接入帧中继网的速率是 64 kbps,则服务提供商分配给该帧中继终端用户的 CIR 是 32 kbps。为了简单起见,我们还假设每个帧长度 L=4000 比特。这就意味着,每隔 500 ms,用户可以发送 CIR×T_c/L=4 帧作为高优先级帧。而在 500 ms 内发送的其他 4 帧都将标记为低优先级帧。由于帧中继网的目的就是尽量将所有的高优先级帧传送到目的地,因此从本质上保证了该用户的速率至少为 32 kbps,但是在帧中继网络不是很忙的时候,用户能够得到超过 32 kbps 的速率(当然不能超过 64 kbps,因为用户接入到帧中继网络的链路速率最高是 64 kbps)。但是,由于用户向帧中继网络服务提供商预定的速率是 32 kbps,也就是说,用户是按照预定的 32 kbps CIR 进行付费的,因此一旦用户得到超过 32 kbps 的速率就属于额外的收益,这就是帧中继网络最大的吸引力。

4.3.2.6 帧中继的适用范围

1)帧中继技术的优越性

(1)当用户需要数据通信时,如果其带宽要求较高,而参与通信的各方多于两个时,使用帧中继是一种较好的解决方案。

(2)通信距离较长时,应优选帧中继。因为帧中继的高效性使用户可以享有较好的经济性。

(3)当数据业务量为突发性时,由于帧中继具有动态分配带宽的功能,选用帧中继可以有效地处理突发性数据。

2)帧中继适用场合

(1)局域网间互联。帧中继可以应用于银行、大型企业、政府部门的总部与其他地方分支机构的局域网之间的互联,远程计算机辅助设计(CAD),计算机辅助制造(CAM),文件传送,图像查询业务,图像监视及会议电视等。

(2)组建虚拟专用网。帧中继只能使用通信网络的物理层和链路层的一部分来执行其交换功能,有着很高的网络利用率,利用它构成的虚拟专用网,不但具有高速和高吞吐量,其费用也相当低。

(3)电子文件传输。由于帧中继使用的是虚拟电路,信号通路及带宽可以动态分配,特别适用于突发性的使用,因而它在远程医疗、金融机构及 CAD/CAM 的文件传输、计算机图像、图表查询等业务方面有着特别好的适用性。

第 5 章　Internet 应用

随着计算机技术的飞速发展与普及,计算机网络正以前所未有的速度向世界上的每一个角落延伸。计算机网络应用领域极其广泛,包括现代工业、军事国防、企业管理、政府公务、智能家电等。网络已经成为社会生活和家庭生活中不可或缺的一部分,如 Internet、局域网,甚至手机通信的 GPRS,生活到处体现着网络的力量,同时,网络传媒、电子商务等给更多企业带来了无限的商机。本章主要对 Internet基本理论、WWW 信息服务以及电子邮件进行探究。

5.1　Internet 概述

5.1.1　Internet 基本概念

Internet 是一种计算机网络的集合,以 TCP/IP(传输控制协议/网际协议)协议进行数据通信,把世界各地的计算机网络连接在一起,进行信息交换和资源共享。

Internet 是全球最大的、开放的、由众多网络互联而成的计算机互联网。Internet可以连接各种各样的计算机系统和计算机网络,不论是微型计算机还是大/中型计算机,不论是局域网还是广域网,不管它们在世界上什么地方,只要共同遵循 TCP/IP 协议,就可以接入 Internet。Internet 提供了包罗万象的信息资源,成为人们获取信息的一种方便、快捷、有效的手段,成为信息社会的重要支柱。

以下对 Internet 相关的名词或术语进行简单的解释:

万维网(World Wide Web,WWW),亦称环球网,是基于超文本的、方便用户在 Internet 上搜索和浏览信息的信息服务系统。

超文本（Hypertext），一种全局性的信息结构，它将文档中的不同部分通过关键字建立连接，使信息得以用交互方式搜索，它是超级文本的简称。

超媒体（Hypermedia），是超文本和多媒体在信息浏览环境下的结合，是超级媒体的简称。

主页（HomePage），通过万维网进行信息查询时的起始信息页，即常说的网络站点的 WWW 首页。

浏览器（Browser），万维网服务的客户端浏览程序，可以向万维网服务器发送各种请求，并对服务器发来的、由 HTML 语言定义的超文本信息和各种多媒体数据格式进行解释、显示和播放。

防火墙（Firewall），用于将 Internet 的子网和 Internet 的其他部分相隔离，以达到网络安全和信息安全效果的软件和硬件设施。

Internet 服务提供者（Internet Services Provider，ISP），即向用户提供 Internet 服务的公司或机构。其中，大公司在许多城市都设有访问站点，小公司则只提供本地或地区性的 Internet 服务。一些 Internet 服务提供者在提供 Internet 的 TCP/IP 连接的同时，也提供他们自己各具特色的信息资源。

地址，地址是到达文件、文档、对象、网页或者其他目的地的路径。地址可以是 URL（Internet 节点地址，简称网址）或 UNC（局域网文件地址）网络路径。

UNC，是 Universal Naming Convention 的缩写，意为通用命名约定，它对应于局域网服务器中的目标文件的地址，常用来表示局域网地址。这种地址分为绝对 UNC 地址和相对 UNC 地址。绝对 UNC 地址包括服务器共享名称和文件的完整路径。如果使用了映射驱动器号，则称之为相对 UNC 地址。

URL，是 Uniform Resource Locator 的缩写，称之为"统一资源定位地址"或"固定资源位置"。它是一个指定因特网（Internet）上或内联网（Intranet）服务器中目标定位位置的标准。

HTTP，是 Hypertext Transmission Protocol 的缩写，是一种通过全球广域网，即 Internet 来传递信息的一种协议，常用来表示互联网地址。利用该协议，可以使客户程序键入 URL 并从 Web 服务器检索文本、图形、声音以及其他数字信息。

5.1.2 **Internet 的形成与发展**

进入 20 世纪 80 年代末期，计算机网络领域最引人注目的就是 Internet 的飞速发展。它从当初只属于少数机构和用户的专用网络，发展为如今普通百姓都可触及的大众型媒体传输手段,Internet 伴随着人类文明的发展走过了一段辉煌的路程。现在,Internet 已成为世界上最大的国际性计算机互联网。下面简单阐述 Internet 的发展过程。

从美国的 ARPANET 网络于 1969 年问世以来,连到它上面的计算机数目的增长非常迅速。到 1983 就增加到了 300 多台,但这时候都主要是美国的科研机构和政府在使用。在 1984 年,ARPANET 被分解成了两部分,其中一部分用于民用的 ARPANET 就发展成了今天的 Internet,而另一部分就是美国军方使用的军事网络 MILNET。

由于美国国家科学基金会 NSF 认识到计算机网络对科学研究的重要意义,从 1985 年起,NSF 就开始围绕 6 个大型计算机中心建设计算机网络。到 1986 年,NSF 利用 TCPOP 通信协议建立了国家科学基金网 NSFNET,这个网络由主干网、地区网和校园网三级构成,涵盖了美国的主要大学和研究所。这时候的 NSF-NET 主干网的传输速率仅为 56 kb/s,但它实现了全美国的资源共享。

1989 年,由欧洲原子核研究机构 CERN 开发成功 WWW(Word Wide Web,万维网),为 Internet 实现广域超媒体信息的截取/检索奠定了基础,从此,Internet 开始迅速发展。

1991 年,NSF 和美国政府认识到 Internet 的巨大作用,于是扩大其应用范围,除大学和研究机构加入外,世界大公司也纷纷加入其中来。为此 Internet 上的信息量也大量增加,每天传送的分组达到 10 亿。而 Internet 的容量满足不了需要,政府开始把 Internet 主干网交由私人公司管理,并对接入的单位收费。

1993 年,美国政府的 Nil 计划在全球范围内掀起了信息高速公路热,同时标志着 Internet 的发展进入了成熟与提高阶段,这时 Internet 的传输速率达到了 45 Mb/s。

继 Nil 之后,美国政府于 1994 年 9 月又创导了全球信息基础设施(Global Information Infrastructure,GII),意在建造一个全球范围内的信息基础设施。1995 年年初,西方七国首脑聚会商讨 GII 事宜。现在 GII 已被提到国际电联的研究日程,国际电联文件规定,GII 的目的是确保网络、信息处理系统和各种应用之间的互操作性(Interoperability),使全世界每个公民最终都能进入信息社会。围绕这一目标,国际电联对实现 GII 提出了以下原则:促进公平竞争;鼓励私人投资;规定一种有适应能力的管理框架;提供网络开放接入;确保服务能普遍提供和获得;向每一公民提供平等的机会;促进信息内容的多样化;认清世界范围合作的必要性,尤其要注意与不发达国家的合作。

具体而言,在建设和发展 GII 时将从以下几方面来体现上述原则:提高互联性和互操作性;发展全球的网络、服务和应用市场;确保个人隐私和数据安全;保护知识产权;加强研究开发方面和发展新应用方面的合作;跟踪信息社会的社会内涵。总而言之,GII 必须使人们在可接受成本和质量的条件下,能随时随地安全地使用一系列通信服务,这些服务可以支持开放式的多种应用,并包括各种信息方式;GII必须要在共同原则的基础上,达到国际统一的目标,并且在各个可互联互操作网络、信息处理设备、数据库与终端组成的无缝大系统的基础上,由这些原则来统管进网需求、应用需求以及它们的操作性;GII 还必须允许在信息工业内部存在竞争。关于 GII 标准的制定,国际电联已提出分两步走的标准方案。第一步以现有技术、现有窄带业务和能力(PSTN、N-ISDN、移动通信等)为基础,主要考虑获得一个完整 GII 所需的综合能力,并且主要着眼于信息处理和存储平台对 GII 的贡献。第二步则以更先进的技术(特别是以 ATM 技术为基础的网络和分布式处理技术)以及宽带业务与能力为基础,主要着眼点是加强智能网技术,建立一个功能全面但与第一代 GII 功能互通的 GII。

1996 年,美国一部分研究机构和 34 所大学提出研制和建设新一代 Internet 的设想,同年 10 月,美国总统克林顿宣布了 NGI 计划(Next Generation Internet Initiative),此时,速率为 155 Mb/s 的 Internet 主干网建成。目前有的达到了 622 Mb/s,同时有部分达到 1 Gb/s 的实验线路网。

随着 IP 地址需求量的指数级增长,IPv4 已经不再适用了。各种任务数量的增长,推动了今天 IPv4 网络向 IPv6 网络的发展,人们所面临的问题是它们的长期合作和共存。许多技术将逐渐适应存在于现有 IPv4 网络上的新的 IPv6 应用,转换的主要要求有 3 个:不中断 IPv4 服务;任何时候、任何地点可用 IPv6 服务;最低限度的运作成本、学习和支持。

5.1.3 **Internet 的组织与管理**

Internet 的最大特点是开放性,任何接入者都是自愿的,它是一个互相协作、共同遵守一种通信协议的集合体。

5.1.3.1 Internet **的国际管理者**

Internet 最权威的管理机构是因特网协会(Internet Society, ISOC)。它是一个完全由志愿者组成的指导 Internet 政策制定的非营利、非政府性组织,目的是推动 Internet 技术的发展与促进全球化的信息交流。它兼顾各个行业的不同兴趣和要求,注重 Internet 上出现的新功能与新问题,其主要任务是发展 Internet 的技术架构。

因特网体系结构委员会(Internet Architecture Board,IAB)是因特网协会专门负责协调 Internet 技术管理与技术发展的分委员会,它的主要职责是:根据 Internet 的发展需要制定 Internet 技术标准,制定与发布 Internet 工作文件,进行 Internet 技术方面的国际协调与规划 Internet 发展战略。

因特网体系结构委员会下设两个具体的部门:因特网工程任务部(Internet Engineering Task Force,IETF)与因特网研究任务部(Internet Research Task-Force,IRTF)。其中,IETF 负责技术管理方面的具体工作,包括 Internet 中、短期技术标准和协议制定,以及 Internet 体制结构的确定等;而 IRTF 负责技术发展方面的具体工作。

Internet 的日常管理工作由网络运行中心(Network Operation Center,NOC)与网络信息中心(Network Information Center,NIC)承担。其中,NOC 负责保证 Internet 的正常运行与监督 Internet 的活动;而 NIC 负责为 ISP 与广大用户提供信息方面的支持,包括地址分配、域名注册和管理等。

5.1.3.2　Internet 的中国管理者

中国互联网络信息中心(China Internet Network Information Center,CNN-IC)是中国的 Internet 管理者。它作为中国信息社会基础设施的建设者和运行者,负责管理维护中国互联网地址系统,引领中国互联网地址行业发展,权威发布中国互联网统计信息,代表中国参与国际互联网社群。它承担的与 Internet 管理有关的工作有以下几点:

(1)互联网地址资源注册管理。CNNIC 是中国域名注册管理机构和域名根服务器运行机构,它负责运行和管理国家顶级域名.cn、中文域名系统及通用网址系统,为用户提供不间断的域名注册、域名解析和 Whois 查询服务。它是亚太互联网络信息中心(Asia-Pacific Network Information Center,APNIC)的国家级 IP 地址注册机构成员。以 CNNIC 为召集单位的 IP 地址分配联盟,负责为中国的 ISP 和网络用户提供 IP 地址的分配管理服务。

(2)互联网调查与相关信息服务。CNNIC 负责开展中国互联网络发展状况等多项公益性互联网络统计调查工作。CNNIC 的统计调查,其权威性和客观性已被国内外广泛认可。

(3)目录数据库服务。CNNIC 负责建立并维护全国最高层次的网络目录数据库,提供对域名、IP 地址、自治系统号等方面信息的查询服务。

5.1.4 Internet 在中国的发展

Internet 在我国的发展历史还很短。1987 年,钱天白教授发出第一封电子邮件"越过长城,通向世界",标志着我国进入 Internet 时代。1988 年实现与欧洲和北美地区的 E—mail 通信。1994 年正式加入 Internet,并建立了中国顶级域名服务器,实现了网上的全部功能。

自从 1994 年 Internet 进入我国后,就以强大的优势迅速渗透到人们工作和生活的各个领域,为人们生活、工作带来极大的方便。Internet 是一个国际性的互联网络,是人类历史上最伟大的成就之一,它第一次使如此众多的人方便地通信和共享资源,自然地沟通和互相帮助,Internet 对人类文明、社会发展与进步起到了重大的作用。

1993 年底,我国有关部门决定兴建"金桥""金卡""金关"工程,简称"三金"工程。"金桥"工程是指国家公用经济信息通信网;"金卡"工程是指国家金融自动化支付及电子货币工程,该工程的目标和任务是用 10 多年的时间,在 3 亿城市人口中推广普及金融交易卡和信用卡;"金关"工程是指外贸业务处理和进出口报关自动化系统,该工程是用 EDI 实现国际贸易信息化,进一步与国际贸易接轨。后来,有关部门又提出"金科"工程、"金卫"工程、"金税"工程等,正是这些信息工程的建设,带动了我国电信和 Internet 产业的新发展。

我国已经建立了 4 大公用数据通信网,为我国 Internet 的发展创造了基础设施条件。这 4 大公用数据通信网是:

(1)中国公用分组交换数据网(China PAC)。1993 年 9 月开通,1996 年底已经覆盖全国县级以上城市和一部分发达地区的乡镇,与世界 23 个国家和地区的 44 个数据网互联。

(2)中国公用数字数据网(China DDN)。1994 年开通,1996 年底覆盖到 3000 个县级以上城市和乡镇。

(3)中国公用计算机互联网(China Net)。1995 年与 Internet 互联,已经覆盖全国 30 个省(市、自治区)。

(4)中国公用帧中继网(China FRN)。该网络已在 8 个大区的省会城市设立了节点,向社会提供高速数据和多媒体通信服务。

目前,我国的 Internet 主要包括 4 个重点项目,它们是:

(1)中国科技网 CSTNet。CSTNet 的前身是中国国家计算与网络设施(The

National Computing and Networking Facility of China,NCFC),是世界银行贷款"重点学科发展项目"中的一个高技术基础设施项目。NCFC 主干网将中国科学院网络 CASNet、北京大学校园网 PuNet 和清华大学校园网 TuNet 通过单模和多模光缆互联在一起,其网控中心设在中国科学院网络信息中心。到 1995 年 5 月,NCFC 工程初步完成时,已连接了 150 多个网络、3000 多台计算机。NCFC 最重要的网络服务是域名服务,在国务院信息化领导小组的授权下,该网络控制中心运行 CNNIC 职能,负责我国的域名注册服务。

在 NCFC 的基础上,又连接了一批科学院以外的中国科研单位,如农业、林业、医学、电力、地震、铁道、电子、航空航天、环境保护等近 30 多个科研单位及国家自然科学基金委员会、国家专利局等科技部门,发展成中国科技网 CSTNet。CSTNet 为非营利性的网络,主要为科技用户、科技管理部门及与科技有关的政府部门服务。

(2)中国教育和科研网 CERNet(China Education Research Network)。CERNet 是 1994 年由国家计委出资、国家科委主持的网络工程。该项目由清华大学、北京大学等 10 所大学承担。CERNet 已建成包括全国主干网、地区网和校园网 3 个层次结构的网络,其网控中心设在清华大学,地区网络中心分别设在北京、上海、南京、西安、广州、武汉、沈阳。

(3)中国公用计算机互联网 ChinaNet。ChinaNet 是由邮电部投资建设的,于 1994 年启动。ChinaNet 也分为 3 层结构,建立了北京、上海两个出口,经由路由器进入 Internet。1995 年 6 月正式运营,该网络已经覆盖了全国 31 个省市。

(4)中国金桥信息网 ChinaGBN。ChinaGBN 是中国第二个可商业化运行的计算机互联网络。1996 年开始建设,由原电子工业部归口管理。ChinaGBN 是以卫星综合业务数字网为基础,以光纤、微波、无线移动等方式形成天地一体的网络结构。它是一个把国务院各部委专用网与各大省市自治区、大中型企业以及国家重点工程连接起来的国家经济信息网,可传输数据、语音、图像等。

5.1.5　Internet 地址

为了实现 Internet 上不同计算机之间的通信,除使用相同的通信协议 TCP/IP 协议之外,每台计算机都必须有一个不与其他计算机重复的地址,它相当于通信时每个计算机的名字。就像对英语同一个人有一个中文名字和一个英文名字一样,Internet 地址包括 IP 地址和域名地址,它们是 Internet 地址的两种表示方式。

5.1.5.1 IP 地址

在以 TCP/IP 为通信协议的网络上，每一台与网络连接的计算机、设备都可称为"主机"（Host）。在 Internet 网络上，这些主机也被称为"节点"。而每一台主机都有一个固定的地址名称，该名称用以表示网络中主机的 IP 地址（或域名地址）。该 IP 地址不但可以用来标识各个主机，而且也隐含着网络间的路径信息。在 TCP/IP 网络上的每一台计算机，都必须有一个唯一的 IP 地址。

1）基本的地址格式

IP 地址共有 32 位，即 4 个字节（8 位构成一个字节），由类别、标识网络的 ID 和标识主机的 ID 三部分组成。

为了简化记忆，实际使用 IP 地址时，几乎都将组成 IP 地址的二进制数记为 4 个十进制数（0～255），每相邻两个字节的对应十进制数间以英文句点分隔。通常表示为 mmm. ddd. ddd. ddd。例如，将二进制 IP 地址 11001010 01100011 01100000 01001100 写成十进制数 202. 99. 96. 76 就可以表示网络中某台主机的 IP 地址。计算机很容易将您提供的十进制地址转换为对应的二进制 IP 地址，再供网络互联设备识别。

2）IP 地址分类

最初设计互联网时，为了便于寻址以及层次化构造网络，每个 IP 地址包括两个标识码（ID），即网络 ID 和主机 ID。同一个物理网络上的所有主机都使用同一个网络 ID，网络上的一个主机（包括网络上工作站、服务器和路由器等）有一个主机 ID 与其对应。IP 地址根据网络 ID 的不同分为 5 种类型：A 类地址、B 类地址、C 类地址、D 类地址和 E 类地址，如图 5-1 所示。

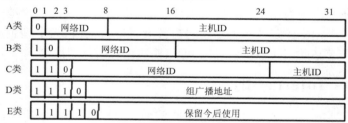

图 5-1 IP 地址的分类

（1）A 类 IP 地址。一个 A 类 IP 地址由 1 字节的网络地址和 3 字节主机地址组成，网络地址的最高位必须是"0"，地址范围从 1. 0. 0. 0 到 126. 0. 0. 0。可用的

A 类网络有 126 个,每个网络能容纳 1 亿多个主机。

(2)B 类 IP 地址。一个 B 类 IP 地址由 2 字节的网络地址和 2 字节的主机地址组成,网络地址的最高位必须是"10",地址范围从 128.0.0.0 到 191.255.255.255。可用的 B 类网络有 16 382 个,每个网络能容纳 6 万多个主机。

(3)C 类 IP 地址。一个 C 类 IP 地址由 3 字节的网络地址和 1 字节的主机地址组成,网络地址的最高位必须是"110",范围从 192.0.0.0 到 223.255.255.255。C 类网络可达 209 万余个,每个网络能容纳 254 个主机。

(4)D 类 IP 地址。D 类 IP 地址用于多点广播(Multicast)。一个 D 类 IP 地址第一个字节以"1110"开始,它是一个专门保留的地址,并不指向特定的网络。目前,这一类地址被用在多点广播中。多点广播地址用来一次寻址一组计算机,它标识共享同一协议的一组计算机。

(5)E 类 IP 地址。以"11110"开始,为将来使用保留。

全零("0.0.0.0")地址对应于当前主机;全"1"的 IP 地址("255.255.255.255")是当前子网的广播地址。

在 IP 地址 3 种主要类型里,各保留了 3 个区域作为私有地址,范围如下:

A 类地址:10.0.0.0~10.255.255.255;

B 类地址:172.16.0.0~172.31.255.255;

C 类地址:192.168.0.0~192.168.255.255。

3)IP 地址的寻址规则

(1)网络寻址规则。网络寻址规则包括:①网络地址必须唯一;②网络标识不能以数字 127 开头,在 A 类地址中,数字 127 保留给内部回送函数(127.1.1.1 用于回路测试);③网络标识的第一个字节不能为 255(数字 255 作为广播地址);④网络标识的第一个字节不能为 0(0 表示该地址是本地主机,不能传送)。

(2)主机寻址规则。主机寻址规则包括:①主机标识在同一网络内必须是唯一的。②主机标识的各个位不能都为"1"。如果所有位都为"1",则该机地址是广播地址,而非主机的地址。③主机标识的各个位不能都为"0"。如果各个位都为"0",则表示"只有这个网络",而这个网络上没有任何主机。

4)子网和子网掩码

(1)子网。在计算机网络规划中,通过子网技术将单个大网划分为多个子网,并由路由器等网络互联设备连接。它的优点在于融合不同的网络技术,通过重定向路由来达到减轻网络拥挤(由于路由器的定向功能,子网内部的计算机通信就不会对子网外部的网络增加负载)、提高网络性能的目的。

(2)子网掩码。确定哪部分是子网地址,哪部分是主机地址,需要采用所谓子网掩码(Subnet Mask)的方式进行识别,即通过子网掩码来告诉本网是如何进行子网划分的。子网掩码是一个与 IP 地址结构相同的 32 位二进制数字标识,也可以像 IP 地址一样用点分十进制来表示,作用是屏蔽 IP 地址的一部分,以区分网络地址和主机地址。其表示方式是:①凡是 IP 地址的网络和子网标识部分,用二进制数 1 表示;②凡是 IP 地址的主机标识部分,用二进制数 0 表示;③用点分十进制书写。

子网掩码拓宽了 IP 地址的网络标识部分的表示范围,主要用于:①屏蔽 IP 地址的一部分,以区分网络标识和主机标识;②说明 IP 地址是在本地局域网上,还是在远程网上。

如下例所示,通过子网掩码,可以算出计算机所在子网的网络地址。

假设 IP 地址为 192.168.10.2,子网掩码为 255.255.255.240。

将十进制转换成二进制:

IP 地址:11000000 10101000 00001010 00000010

子网掩码:11111111 11111111 11111111 11110000

"与"运算:——

11000000 10101000 00001010 00000000

则可得其网络标识为 192.168.10.0,主机标识为 2。

设 IP 地址为 192.168.10.5,子网掩码为 255.255.255.240。

将十进制转换成二进制:

IP 地址:11000000 10101000 00001010 00000101

子网掩码:11111111 11111111 11111111 11110000

"与"运算:——

11000000 10101000 00001010 00000000

则可得其网络标识为 192.168.10.0,主机标识为 5。

5.1.5.2 域名

直接使用 IP 地址就可以访问 Internet 上的主机,但是 IP 地址不易记忆。为了便于记忆,在 Internet 上用一串字符来表示主机地址,这串字符就被称为域名。例如,IP 地址 202.112.0.36 指向中国教育科研网网控中心主机,同样,域名

www. edu. cn 也指向中国教育科研网网控中心主机。域名相当于一个人的名字，IP 地址相当于身份证号，一个域名对应一个 IP 地址。用户在访问网上的某台计算机时，可以在地址栏中输入 IP 地址，也可以输入域名。如果输入的是 IP 地址，计算机可以直接找到目的主机。如果输入的是域名，则需要通过域名系统（Domain Name System，DNS）将域名转换成 IP 地址，再去找目的主机。

　　1）域名结构

　　DNS 域名系统是一个以分级的、基于域的命名机制为核心的分布式命名数据库系统。DNS 将整个 Internet 视为一个域名空间（Name Space），域名空间是由不同层次的域（Domain）组成的集合。在 DNS 中，一个域代表该网络中要命名资源的管理集合。这些资源通常代表工作站、PC 机、路由器等，但理论上可以标识任何东西。不同的域由不同的域名服务器来管理，域名服务器负责管理存放主机名和 IP 地址的数据库文件，以及域中的主机名和 IP 地址映射。每个域名服务器只负责整个域名数据库中的一部分信息，而所有域名服务器中的数据库文件中的主机和 IP 地址集合组成 DNS 域名空间。域名服务器分布在不同的地方，它们之间通过特定的方式进行联络，这样可以保证用户通过本地的域名服务器查找到 Internet 上所有的域名信息。

　　DNS 的域名空间是由树状结构组织的分层域名组成的集合，如图 5-2 所示。

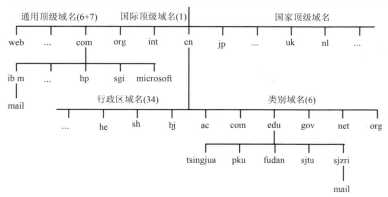

图 5-2　DNS 域名空间

　　DNS 采用层次化的分布式的名字系统，是一个树状结构。整个树状结构称为域名空间，其中的节点称为域。任何一个主机的域名都是唯一的。

　　树状的最顶端是一个根域"root"，根域没有名字，用"."表示；然后即是顶级域，如 com、org、edu、cn 等。在 Internet 中，顶级域由 Internic 负责管理和维护，部分顶级域名及含义如表 5-1 所示。

表 5-1　部分 Internet 顶级域名及含义

域名	含义	域名	含义
com	商业组织	gov	政府机构
edu	教育、学术机构	cn	中国
net	网络服务机构	uk	英国
org	非营利性组织、机构	us	美国
int	国际组织	au	澳大利亚

再下面是二级域,表示顶级域中的一个特定的组织名称。在 Internet 中,各国的网络信息中心 NIC 负责对二级域名进行管理和维护,以保证二级域名的唯一性。在我国,这项工作由 CNNIC 负责。

在二级域下面创建的域称为子域,它一般由各个组织根据自己的要求进行创建和维护。

域名空间最下面一层是主机,它被称为完全合格的域名。在 Windows 2000 下,可以利用 HOSTNAME 命令在命令提示符下查看该主机的主机名。

2)域名

区域是域名空间树状结构的一部分,它将域名空间根据用户的需要划分为较小的区域,以便于管理。这样,就可以将网络管理工作分散开来,所以,区域是 DNS 系统管理的基本单位。

Internet 上的域名服务器系统是按照区域来安排的,每个域名服务器都只对域名体系中的一部分进行管辖。

5.2　WWW 信息服务

5.2.1　WWW 概述

WWW,即万维网(World Wide Web),可以缩写为 W3 或 Web,又称"环球信

息网""环球网"等。它并不是独立于 Internet 的另一个网络,而是基于"超文本
(Hypertext)"技术将许多信息资源连接成一个信息网,由节点和超链接组成的、方
便用户在 Internet 上搜索和浏览信息的超媒体信息查询服务系统,是互联网所提
供服务的一部分。

WWW 中节点的连接关系是相互交叉的,一个节点可以以各种方式与另外的
节点相连接。超媒体的优点是用户可以通过传递一个超链接,得到与当前节点相
关的其他节点的信息。

"超媒体"(Hypermedia)是一个与超文本类似的概念,在超媒体中,超链接的
两端可以是文本节点,也可以是图像、语音等各种媒体的数据。WWW 通过超文
本传输协议(HTTP)向用户提供多媒体信息,所提供信息的基本单位是网页,每一
网页可以包含文字、图像、动画、声音等多种信息。

WWW 是通过 WWW 服务器(也叫作 Web 站点)来提供服务的。网页可存放
在全球任何地方的 WWW 服务器上(如北京大学 WWW 服务器 http://www.
pku. edu. cn),当接入 Internet 时,就可以使用浏览器(如 Internet Explorer,
Netscape)访问全球任何地方的 WWW 服务器上的信息。

5.2.2　WWW 地址

WWW 地址,即 WWW 的 IP 地址或域名地址,通常以协议名(协议是专门用
于在计算机之间交换信息的规则和标准)开头,后面是负责管理该站点的组织名
称,后缀则标识该组织的类型和地址所在的国家或地区。例如,地址 http://
www. tsinghua. edu. cn 提供表 5-2 所示的信息。如果该地址指向特定的网页,那
么,其中也应包括附加信息,如端口名、网页所在的目录以及网页文件的名称。使
用 HTML(超文本标记语言)编写的网页通常以. htm 或. html 扩展名结尾。浏览
网页时,其地址显示在浏览器的地址栏中。

表 5-2　Web 地址示例

http	这台 Web 服务器使用 HTTP 协议
WWW	该站点在 World Wide Web 上
tsinghua	该 Web 服务器位于清华大学
edu	属于教育机构

5.2.3　WWW 工作原理

WWW 系统的结构采用了 C/S(Client/Server,客户/服务器)模式,它的工作原理如图 5-3 所示。信息资源以网页的形式存储在 WWW 服务器中,用户通过 WWW 客户端程序(浏览器)向 WWW 服务器发出请求;WWW 服务器根据客户端请求内容,将保存在 WWW 服务器中的某个页面发送给客户端;浏览器在接收到该页面后对其进行解释,最终将图、文、声并茂的画面呈现给用户。我们可以通过页面中的链接,方便地访问位于其他 WWW 服务器中的页面,或是其他类型的网络信息资源。

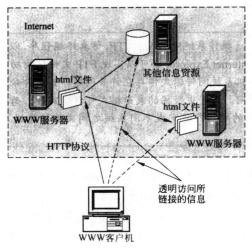

图 5-3　WWW 工作原理

5.2.4　WWW 浏览器

WWW 浏览器(Web Browser,也称 Web 浏览器)是安装在客户端上的 WWW 浏览工具,其主要作用是在其窗口中显示和播放从 WWW 服务器上取得的主页文件中嵌入的文本、图形、动画、图像、音频和视频信息,访问主页中各超文本和超媒体链接对应的信息;此外它也可以让用户访问和获得 Internet 网上的其他各种信息服务。对于主页中所涉及的各种不同格式的文本、图形、动画、图像、音频和视频文件,Web 浏览器一般通过预置的即插软件(Plug—ins)或外部辅助应用程序(External Helper Applications)直接或间接地对其内容进行显示与播放,供用户观赏。

浏览器通常由 3 部分组成:控制器、解释器和各种客户程序,如图 5-4 所示。

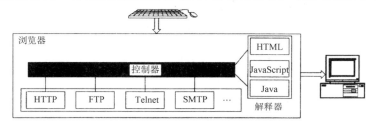

图 5-4　浏览器组成

控制器接收来自键盘或鼠标的输入,并调用各种客户程序来访问服务器。当浏览器从服务器获取 Web 页面后,控制器调用解释器处理网页。浏览器支持的客户程序可以是 FTP、Telnet、SMTP 或者 HTTP 等。解释程序可以是 HTML、JavaScript 或 Java,取决于页面中文档的类型。

WWW 页面上除一般的文本(不带下划线的)和超文本(带下划线的)外,还包括音频、图像、动画以及视频等多媒体信息,而这些多媒体信息也可以链接到其他页面,即构成超链接,单击这些超链接同样可以使浏览器显示新的页面内容。

许多 WWW 页面包含大量的图片,下载需要花费很长的时间。例如,通过一条 28.9 kbps 的电话线路下载一幅 640×480、真彩色(24 比特/像素)的未压缩图片(922 kB)时,需要花 4 分钟时间。为了解决图片下载速度慢的问题,大部分浏览器都是先显示文本信息,然后才显示图像。这样,浏览器在下载图片时,用户可以阅读文本信息,而如果用户对图片不感兴趣,也可以在下载完文本信息时就中止图片的下载。另外,还可以采取另外一种处理办法,即先让浏览器以低分辨率显示图片,然后再逐渐完善图片的显示,这样用户就可以快速浏览图片以决定是否继续下载图片。事实上,许多浏览器一般还提供让用户选择是否自动下载图片以及如何处理图片的选项操作。

浏览器一般都使用本地磁盘来缓存已抓取的页面。浏览器在抓取某个页面前,首先查看该页面是否已在本地缓存中;如果是,再检查它是否更新过;如果没有更新,就无须重新下载该页面。因此,在浏览器中单击 Back(后退)按钮浏览前一个页面一般比较快。

5.3　电子邮件

5.3.1　电子邮件概述

5.3.1.1　电子邮件的概念

利用计算机网络来发送或接收的邮件叫做"电子邮件",英文名为 E—mail。对于大多数用户而言,E—mail 是互联网上使用频率最高的服务系统之一。

提供独立处理电子邮件业务的服务器(一台计算机或一套计算机系统)就叫作"邮件服务器"。它将用户发送的信件承接下来再转送到指定的目的地;或将电子邮件存储到相关的网络邮件邮箱中,以等待邮箱的所有人去收取。

发送与接收邮件的计算机可以属于局域网络、广域网络或 Internet。如某一局域或广域网络没有与 Internet 连接,那么该网络的电子邮件只能在其网内的各工作站(即个人计算机或终端机)间传送而不能越出网外。这种只限制在局部或全局(广域)网络内传递的邮件称为"办公室电子邮件"(Office—E—mail),而对那些能够在世界范围内(即 Internet)传递的电子邮件则称为"Internet 电子邮件"(Internet E—mail)。

5.3.1.2　电子邮件地址

互联网上的电子邮件服务采用客户/服务器(Client/Server)方式。电子邮件服务器其实就是一个电子邮局,它全天候全时段开机运行着电子邮件服务程序,并为每一个用户开设一个电子邮箱,用以存放任何时候从世界各地寄给该用户的邮件,等待用户任何时刻上网索取。用户在自己的计算机上运行电子邮件客户程序,如 Outlook Express、Messenger、FoxMail 等,用以发送、接收、阅读邮件等。

要发送电子邮件,必须知道收件人的 E—mail 地址(电子邮件地址),即收件人的电子邮箱所在。这个地址是由 ISP 向用户提供的,或者是 Internet 上的某些站点向用户免费提供的,但它不同于家门口那种木质邮箱,而是一个"虚拟邮箱",即 ISP 的邮件服务器硬盘上的一个存储空间。在日益发展的信息社会,E—mail 地址的作用如同电话号码一样越来越重要,并逐渐成为一个人的电子身份,如今许多人已在名片上赫然印上 E—mail 地址。报纸、杂志、电视台等单位也常提供 E—mail 地址以方便用户联系。

E—mail 地址格式均为:用户名@电子邮件服务器域名,如 apple2008@126.com。其中用户名由英文字符组成,不分大小写,用于鉴别用户身份,又叫作注册名,但不一定是用户的真实姓名。不过,在确定自己的用户名时,不妨起一个自己好记但不易被别人猜出,又不易与他人重名的名字。@的含义和读音与英文介词 at 相同,表示"位于"之意。

电子邮件服务器域名是您的电子邮件邮箱所在电子邮件服务器的域名。在邮件地址中不分大小写。整个 E—mail 地址的含义是"在某电子邮件服务器上的某人"。

5.3.1.3　电子邮件的功能

电子邮件系统至少应具有以下功能。

1)报文生成(Composition)

这是电子邮件系统中用户界面的重要内容。它帮助用户写作和编辑邮件,并为邮件加入地址和大量其他控制信息。

2)传输(Transfer)

这是电子邮件系统中独立于用户的部分,解决报文的传输问题。在 ISO/OSI 体系结构中,报文传输建立在表示层之上,它的具体操作包括建立连接、输出报文和释放连接等。

3)报告(Reporting)

负责向发送者报告报文发送进展(是否送到、是否被拒绝、是否丢失等)。这一功能在许多需要确认的场合是至关重要的。

4)转换(Conversion)

在发送端将信息转换成适合于在接收者终端上显示或打印的格式。

5)格式化(Formatting)

解决报文在接收者终端上的格式化显示问题。对报文显示格式的最直接处理方式是:电子邮件系统传来未格式化报文,由用户调用格式化程序进行处理,再调用显示程序(如编辑器)对格式化文件进行阅读。这种处理方式对无经验的用户是很头疼的。最好是电子邮件系统能提供直接显示格式化报文的工具,操作就大大简化了。

6)报文处置(Disposition)

对应于报文生成,是电子邮件系统用户界面的另一重要方面。帮助接收者处理所收到的报文,包括立即扔掉、读完扔掉、读完后保存、阅读旧报文及转发报文等。

5.3.2 电子邮件的工作原理

电子邮件的工作过程遵循客户机/服务器模式。每份电子邮件的发送都要涉及发送方与接收方,发送方构成客户端,而接收方构成服务器,服务器拥有众多用户的电子信箱。发送方通过邮件客户程序,将编辑好的电子邮件向邮局服务器(SMTP 服务器)发送;邮局服务器识别接收者的地址,并向管理该地址的邮件服务器(POP3 服务器)发送消息;邮件服务器将消息存放在接收者的电子信箱内,并告知接收者有新邮件到来;接收者通过邮件客户程序连接到服务器后,就会看到服务器的通知,进而打开自己的电子信箱来查收邮件,如图 5-5 所示。

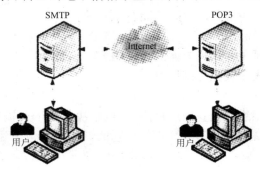

图 5-5　电子邮件工作原理

ISP 主机起着"邮局"的作用,管理着众多用户的电子信箱。每个用户的电子信箱实际上就是用户所申请的账号名。每个用户的电子信箱都要占用 ISP 主机一定容量的硬盘空间。

5.3.3 电子邮件传输协议

5.3.3.1 SMTP 协议

SMTP 是一个基于 ASCII 的协议,每个 SMTP 会话涉及两个邮件传送代理(MTA)之间的一次对话。在这两个 MTA 中,其中一个充当客户,另一个充当服务器。SMTP 定义了客户与服务器之间交互的命令和响应格式。命令由客户发给服务器,而响应则是由服务器发给客户的。响应是 3 位十进制数字,后面可以跟着附加的文本信息。

邮件传送分为 3 个阶段：SMTP 连接建立、邮件传送和 SMTP 连接终止。

在 SMTP 连接建立阶段，首先是 SMTP 客户与 SMTP 服务器在 25 号端口上建立 TCP 连接，然后 SMTP 服务器就发送 220 告诉 SMTP 客户已经就绪。接着 SMTP 客户发送 Hello 报文，并带上自己的域名通知服务器，最后服务器通过代码 250 OK 表示 SMTP 连接已经建立。

而邮件传送阶段的工作过程是：首先，客户通过命令 MAIL FROM 和 RCPT 将信封内容发送给服务器，然后进行邮件的发送，包括邮件头部和正文。在邮件正文发送过程中，每一行都是以回车和换行两个 ASCII 码控制字符结束。最后一行是一个". "ASCII 字符，表示这个邮件发送结束。

在邮件传送结束后，客户通过发送 QUIT 命令终止邮件传送，而服务器以 221 响应，结束这次 SMTP 会话。在连接终止后，TCP 连接被关闭。

5.3.3.2　邮箱访问协议

邮箱一般是放在功能强大的邮件服务器上的，而邮件服务器必须不间断地运行，并时刻保持与因特网的连接，以便能随时接收邮件。用户一般在桌面 PC 上工作，并没有直接连入因特网，而是通过内联网（如校园网、园区网）或拨号网络与邮件服务器相连，它不能直接向外发送邮件或从外面接收邮件。为了让用户在各自的 PC 机上也能发送或接收邮件，必须解决用户 PC 机与邮件服务器的邮件交换问题，也就是说，用户如何向本地邮件服务器（用户的邮箱在此服务器上）发送邮件，又如何从服务器上读取邮件。

用户将邮件发送到本地邮件服务器比较简单，仍然采用 SMTP 协议，而本地服务器收到用户发来的邮件后，则按通常情况处理，将邮件发往收信人所连的邮件服务器，更为复杂的是用户从本地服务器上取邮件的过程。为此，研究人员开发了邮箱访问协议。

1）POP3

最简单的邮箱访问协议是邮局协议（Post Office Protocol 3，POP3）。POP3 协议很简单，但它的功能有限。POP3 协议具有用户登录和退出、读取邮件以及删除邮件的功能。当用户需要将邮件从邮件服务器上下载到自己的机器时，POP3 客户进程首先与邮件服务器的 POP3 服务器进程建立 TCP 连接（POP3 服务器的 TCP 端口号为 110），然后发送用户名和口令到 POP3 服务器进行用户认证，认证通过后，就可以访问邮箱了。

2）IMAP4

另一种邮箱访问协议是交互式邮件访问协议（Interactive Mail Access Protocol 4，IMAP4）。IMAP4 比 POP3 功能更强，同时也更复杂。

POP3 有几个方面的不足：一是它不允许用户在邮件服务器上直接处理邮件；二是它不允许用户在下载邮件之前部分地检查邮件的内容。而 IMAP4 则提供了更多的功能，比如，它允许用户在下载邮件之前检查邮件的标题；用户在下载邮件之前可以用特定的字符串搜索邮件内容；用户可以部分地下载邮件；用户可以在邮件服务器上创建和删除邮箱、更改邮箱名或创建多层次的邮箱等。

3）基于 Web 的邮箱访问

现在很多网站都提供了电子邮件服务，如 Google 和网易等。当用户要读取网站中的邮件时，可以发送一个 HTTP 请求到网站，然后网站就发送一个表格让用户填写用户名和口令。如果用户名和口令都匹配了，网站就将电子邮件以 HTML 表格的形式从 HTTP 服务器发送到用户的浏览器中。

5.3.4　电子邮件的格式

电子邮件与普通的邮政邮件相似，也有自己固定的格式。

5.3.4.1　RFC 822 邮件格式

RFC 822 定义了用于电子邮件报文的格式，即 RFC 822 定义了 SMTP、POP3、IMAP4 以及其他电子邮件传输协议所提交、传输的内容。

RFC 822 定义的邮件由两部分组成：信封和邮件内容。信封包括与传输、投递邮件有关的信息，即收信人地址、抄送、密送等内容。邮件内容包括标题和正文。电子邮件还可以包含附件，附件是一个普通的文件。

5.3.4.2　MIME（多用途的网际邮件扩展）

Internet 上的 SMTP 传输机制是以 7 位二进制编码的 ASCII 码为基础的，适合传送文本邮件。而声音、图像、文字等使用 8 位二进制编码的电子邮件需要进行 ASCII 转换（编码）才能够在 Internet 上正确传输。

MIME 增强了在 RFC822 中定义的电子邮件报文的能力，允许传输二进制数据。MIME 编码技术用于将数据从 8 位都使用的格式转换成数据使用 7 位的 ASCII 码格式。

第6章　计算机网络技术的发展

当前,随着科学技术的飞速发展,计算机网络技术正在以不可估量的发展态势影响着人们的生产与生活方式,并在一定程度上促进了社会的发展,使得人们的生活水平得到不断提升。而为了更好地满足用户对于计算机网络技术的需求,就需要不断致力于新领域、新技术的研究,以推动网络技术的健康、稳定发展。本章主要对下一代网络技术、智能网技术以及物联网技术进行研究。

6.1　下一代网络技术

6.1.1　下一代网络的定义及特点

6.1.1.1　下一代网络的定义

业务多样化、降低运营成本、简化运营体系的应用需求是推动电信网向下一代电信网发展的根本原因。随着应用需求和 IP 技术发展的共同推动,电信运营商需要建立能运营、可管理、有盈利的 IP 网作为基础网络。可管理的 IP 网基于因特网的 IP 技术,结合宽带接入网和运营商的运营需求来发展建立,可管理的 IP 网进一步发展,配合各种新增业务模块即演化为下一代网络。

ITU 对下一代网络(Next Generation Network,NGN)的定义是:NGN 是基于分组的全业务网络,能够提供包括电信业务在内的各种业务,包括电话和 Internet 接入业务、数据业务、视频流媒体业务、数字电视广播业务和移动业务;能够利用多种带宽且 QoS 保证的传送技术。其业务相关功能与其传送技术相互独立,使用户可以自由接入到不同的服务提供商;支持通用移动性,允许为用户提供始终如一的、普遍存在的业务。NGN是能够提供各种多媒体业务的综合网络,支持固定和移动的融合、传统电信业务和广播业务的融合,是有线/无线网络、计算机系统、家庭外围设备、智能工具等组成的融合环境,而不仅仅局限于基于数据的网络。即NGN必须同时满足不同的业务质量和物理接口的要求,在业务管理、网络管理、智能化、个性化服务等方面提供完备的机制。NGN与因特网都是基于IP技术,但它们的基本理念并不相同:因特网是分布式的、自治的,智能化在网络边缘;NGN是可管理的IP网络,没有接受因特网的全部理念,它将智能化由网络边缘移到网络内适当的地方,如业务节点处。

6.1.1.2 下一代网络的特点

下一代网络将是以软交换为核心、光连网为基础的融合网络。下一代网络主要有以下特点:采用开放式体系架构和标准接口;呼叫控制与媒体层和业务层分离;具有高速物理层、高速链路层和高速网络层;网络层趋向使用统一的IP协议实现业务融合;链路层趋向采用电信级分组节点,即高性能核心路由器加边缘路由器和ATM交换机;传送层趋向实现光连网,可提供巨大而廉价的网络带宽和网络成本,可持续发展的网络结构,可透明支持任何业务和信号;接入层采用多元化的宽带无缝接入技术。

下一代网络是可以提供包括语音、数据和多媒体等各种业务的综合开放的网络架构,具有以下3大特征。

1)采用开放的网络架构体系

(1)将传统交换机的功能模块分离成为独立的网络部件,各个部件可以按相应的功能划分,各自独立发展。

(2)部件间的协议接口基于相应的标准。部件标准化使得原有的电信网络逐步走向开放,运营商可以根据业务的需要自由组合各部分的功能产品来组建网络。部件间协议接口的标准化可以实现各种异构网的互通。

2)下一代网络是业务驱动的网络

(1)业务与呼叫控制分离。网络控制层即软交换,采用独立开放的计算机平台,将呼叫控制从媒体网关中分离出来,通过软件实现基本呼叫控制功能,包括呼叫选路、管理控制和信令互通,使业务提供者可自由结合承载业务与控制协议,提供开放的API接口,从而使第三方快速、灵活、有效地实现提供多种综合业务。

(2)呼叫与承载分离。分离的目标是使业务真正独立于网络,灵活有效地实现业务的提供。用户可以自行配置和定义自己的业务特征,不必关心承载业务的网络形式以及终端类型,使得业务和应用的提供有较大的灵活性。

　　3)下一代网络是基于统一协议的分组网络

　　现有的信息网络,无论是电信网、计算机通信网还是有线电视网都不可能以其中某一网络为基础平台来实现信息基础设施。但近几年随着 IP 的发展,才使人们真正认识到电信网络、计算机通信网络及有线电视网络将最终汇集为统一的 IP 网络,即人们通常所说的“三网”融合。IP 协议使得各种以 IP 为基础的业务都能在不同的网上实现互通,首次具有了统一的为三大网都能接受的通信协议,从技术上为国家信息基础设施(NII)奠定了最坚实的基础。IP 协议已经成为中国乃至世界信息产业界最热门的话题,它几乎成为信息网络的代名词,并将最终演化成为当今世界各国极力推行的国家信息基础设施(NII)和全球信息基础设施(GII)的核心。

6.1.2　下一代网络的技术框架

　　根据承载与业务相分离、承载与控制相分离的思想,ITU 提出了 NGN 的分层结构:将 NGN 分为承载、传输和业务 3 个层次,如图 6-1 所示。基本思路是通过三个层次的网络各自解决不同的问题,从而融合不同组网技术的长处,互相弥补各自的短处,适应信源的不同特性,满足不同信源通信对网络的不同要求。

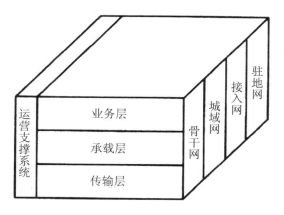

图 6-1　下一代网络的三层网络模型

　　传输层是网络的物理基础,主要采用光传输技术(DWDM、SDH 等),提供点到点连接的固定带宽的电路或光路。承载层是分组网络,适应各种信源的非固定速率特性和提供统计复用功能。在承载层组建不同的承载 VPN,为不同信源通信提供所需要的 QoS 保证和网络安全保证。业务层解决各种信源的特点、属性、编址、控制信令、媒体处理等个性化问题。业务层根据不同信源的特点进行信源编码和分组。

在网络模型中,按地域分为骨干网、城域网、接入网和驻地网。

对应着下一层网络的分层结构,ITU 提出的 NGN 的框架模型如图 6-2 所示,包括应用层、会话控制层、传送层和管理层。

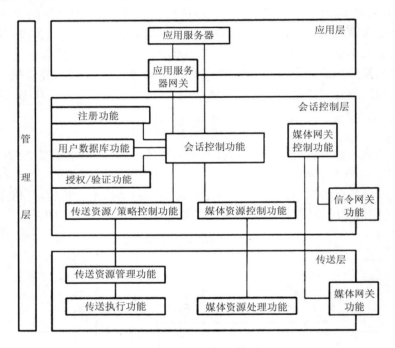

图 6-2　NGN 框架模型

各部分功能定义如下:

(1)传送资源管理功能:负责传送层的控制和管理;

(2)传送执行功能:执行资源请求,包括防火墙功能、NAT 功能等;

(3)媒体资源处理功能:有具体的物理端口,与控制层和应用层的相应部分通信,完成控制承载层、分配资源、提供媒体混合的功能;

(4)传送资源/策略控制功能:控制实体和传送层之间资源请求的传递;

(5)会话控制功能:完成与会话状态有关的功能,包括业务触发、计费记录的产生等,并与验证和注册功能相互作用;

(6)注册功能:完成用户有效性注册,把用户身份和传送的有效性捆绑在一起;

(7)用户数据库功能：存储到其他网络（包括 PSTN）的网关及控制协议互操作；

(8)媒体网关功能：包括 PSTN 媒体网关、接入网关、中间网关等；

(9)信令网关功能：控制网络间的信令传送；

(10)授权/验证功能：完成对用户的授权和验证；

(11)媒体资源控制功能：分配媒体资源，为应用层的内容服务器和传送层的资源处理器分配支持 IVR 的接口；

(12)应用服务器网关：提供对第三方业务提供者的接口；

(13)应用服务器：提供业务，可以为第三方业务提供者所有。

6.1.3　下一代网络的发展趋势

NGN 是一种融合多种业务的新型目标网络，涉及非常多的传统技术和新型协议，各种新技术和新协议将不断出现并得到完善，因此研究和建设 NGN 是一个艰巨的探索性及阶段性过程。

6.1.3.1　向多元化的无缝宽带接入网演进

当前，接入网已成为全网宽带化的最后"瓶颈"，接入网的宽带化已逐渐成为接入网发展的主要趋势。

第一，现有 ADSL 技术仍在不断改进，ADSL2/2＋（调整间距）在传输速率和覆盖范围方面都有非常明显的提高，增强了线路故障诊断能力，具有智能功耗管理特性，引入了无缝数据速率适配技术等，特别是 ADSL2＋将频带范围扩展到 2.2 MHz，1.2 km 内速率可达 20 Mbit/s。

第二，基于以太网技术的 VDSL 下行速率较高，可达 100 Mbit/s 以上，对称速率也可达 26 Mbit/s，可在现有双绞线上实现远距离传输，线间串扰小，适合密集用户应用，主要定位为 ADSL/ADSL2＋的高速延伸。

第三，以 802.11 系列协议为基础的无线局域网（WLAN）组网较为简单，速率较高，企事业和家庭用户市场将是其主要用武之地。为了将这种技术应用于公用网领域，必须要妥善解决认证计费和用户管理、用户漫游、用户和网络安全、网络管理、用户接入控制等多方面的问题，核心就是商务模式。

第四，鉴于 WLAN 技术的覆盖、速率和移动性都很有限，IEEE 开发了 802.16 系列无线城域网标准，由全球微波接入互操作联盟（WiMAX）负责推广和互操作测试。这种技术工作在 2～66 GHz，采用宏蜂窝结构，最大覆盖可达 50 km，最高速率达 70 Mbit/s。这种技术主要定位于宽带移动无线接入,速率优于 3G,但覆盖和移动性远不如 3G,不适合做跨区漫游和切换,主要应用于热点覆盖,是 3G 的补充,但在城域宽带低速业务上会分流 3G 的数据业务。同时,由于其速率高、方便、无须挖地、布线快等特点,会对固定网 DSL 和电缆调制解调器(CM)形成一定冲击。总的来看,这种技术吸取了 WiFi 的重要教训,标准化互操作好,预计将会在未来城域网宽带接入市场上占据非常重要的地位,成为仅次于 DSL 和 CM 的固定(或带有一定的移动性)宽带接入手段。

第五,从长远的观点看,光纤接入网的无源光网络(PON)可能是较为理想的接入解决方案。其主要特点是接入网中去掉了有源设备,避免了电磁干扰和雷电影响,减少了线路和外部设备的故障率,降低了相应的运营成本;PON 的业务透明性好,带宽宽,可适用于任何制式和速率的信号,能比较经济地支持模拟广播电视业务。另外,由于其局端设备和光纤由用户共享,线路成本较其他点到点方式要低,土建成本也明显降低。最适用于分散的小企业和居民用户,特别是那些用户区域较分散,而每一区域用户又相对集中的小面积密集用户地区,尤其是新建区域。近来,ITU 通过的新一代无源体系结构——GPON 标准将上下行速率提高到2.5Gbit/s 并采用了通用组帧程序(GFP)来更有效地支持各种数据业务,全面体现了服务提供商对业务提供的灵活性要求,使无源光网络技术更具吸引力。

第六,作为与宽带接入密切相关的用户驻地网也在发生着非常重要的变化,其中最重要的就是家庭网关,这是一种智能的综合家庭网络接口单元,可以为各种家庭网业务提供到相应公用网络的接入和控制功能。家庭网关作为公用网和家庭网的连接点、宽带应用在家庭的承载和控制点,可以有效提升宽带接入的价值和进一步锁定用户。

6.1.3.2　向以软交换/IMS 为核心的下一代交换网演进

软交换彻底打破了传统的封闭交换结构,采用横向组合模式、开放的接口和通用的协议,构成了一个开放的、分布的和多厂家应用的系统结构。其硬件分散,业务控制和业务逻辑相对集中,整体建网成本比较低,网络升级容易,便于加快新业务和新应用的开发、生成和部署,能快速实现低成本广域业务覆盖。采用软交换和分组承载后有望实现多个业务网的融合,大大简化网络层次和结构以及跨越不同网络的业务配置,避免建设维护多个分离业务网带来的高成本和运营维护、配置升级的复杂性,提高网络资源利用率,减少大量交换机中继互联的复杂性和业务网的承载成本。另外,软交换设备占地少,这样就可大大提高机房的空间利用率。

在软交换即将进入规模商用的同时，3GPP 开发的 IP 多媒体子系统（IMS）标准开始受到全球的关注。这是一种 IP 多媒体核心网络体系架构，基于 SIP 会话的通用平台，适于以 IP 为基础的多媒体和电话核心网，且核心网与接入方式和接入技术没有关系；在应用层、网络层和后台系统之间均采用标准化的接口，是一种开放性更好、标准化程度更高、适用于所有接入和业务（VoIP、数据和多媒体）的统一网络体系架构，有利于固定网和移动网的无缝融合；各种业务具有共同的核心网、网络用户数据库、后台计费系统以及业务开发平台，在用户数据管理和漫游方面更加完善。简言之，IMS 是一种融合的网络体系架构，有利于各种层次的融合业务的快速、有效推出。

6.1.3.3　向以 IPv6 为基础的下一代互联网演进

采用 IPv6 最基本的原因就是从根本上解决了 IPv4 存在的地址限制和庞大路由表问题以及支持更加有效的移动 IP。

第一，IPv6 使地址空间从 IPv4 的 32bit 扩展到 128bit，完全消除了互联网发展的地址壁垒及其相应问题；第二，IPv6 协议已经内置移动 IPv6 协议，可以使移动终端在不改变自身 IP 地址的前提下来实现在不同接入媒质之间的自由移动；第三，在有效地址规划前提下，IPv6 协议可以改善路由性能和效率，主要表现在路由聚合减少路由表的表项，简化的 IP 报头减少路由器的处理负载，也减少大量地址转换，分层的编址结构则可提高选路效率，可以较为明显地减少路由器数量；第四，IPv6 协议通过一系列的自动发现和自动配置功能，简化了网络节点的管理和维护，可以实现即插即用，有利于支持移动节点和大量小型家电和通信设备的应用；第五，采用 IPv6 后可以开发很多新的热点应用，特别是 P2P 业务，如在线聊天、在线游戏等；第六，IPv6 采用流类别特殊处理，使网络初步具备良好的 QoS；第七，IPv6 内置 IPSec 协议以及使发送设备有永久性 IP 地址后，不仅可以实现端到端的加密，而且非常容易识别发送设备的类型，可能实现端到端的安全性；第八，IPv6 协议内置组播功能，简化了流媒体业务的提供。总之，IPv6 将成为向 NGN 演进的业务层融合协议。

6.1.3.4　向以光联网为基础的下一代传送网演进

随着网络业务量继续向动态的 IP 业务量的加速汇聚，一个灵活动态的光网络基础设施是必不可少的。最新发展趋势是引入自动波长配置功能，即所谓自动交换光网络（ASON），使光联网从静态光联网走向自动交换光网络，带来的主要好处体现在：允许将网络资源动态地分配给路由；具有快速的业务提供和拓展能力；降低维护、管理、运营费用；具有光层的快速业务恢复能力；减少了用于新技术配置管理的运行支持系统软件的需要，减少了人工出错机会；可以引入新的波长业务，如按需带宽业务、波长出租、分级的带宽业务、动态波长分配租用业务、光层虚拟专用网（OVPN）等。

实现光联网还需要解决一系列硬件和软件以及标准化问题，但其发展前景是较为光明的，智能光网络将成为未来几年光通信发展的重要方向和市场机遇。

总之，随着 IP 成为主要业务量后，网络将不可避免地向着单一、简单、低成本、融合的方向发展。融合将是未来几十年电信业和电信技术、业务发展的一个主旋律。

6.2　智能网技术

6.2.1　智能网的概念及其基本思想

智能网（Intelligent Network，IN）是 1992 年由 CCITT 标准化的一个名词，它是为增强网络的智能化程度而在现有网上设置一些网络单元，这些单元通过七号信令网和数据网相互联系，构成一个网络体系，为用户快速提供各种新业务。它既可以为现有电话网服务，也可以为综合业务数字网、移动网以及宽带通信网服务，是一个提供补充增值业务的叠加网。

在传统的业务实现方式中，交换机既要负责基本的呼叫处理，又要负责业务的控制，存在 3 个方面的问题：①每增加一项新业务都要修改相关交换机的软件，导致交换机之间的数据重复，有 10 台交换机就相当于有 10 个数据备份；②业务更新时要修改每台交换机数据库中的数据，日常的数据维护复杂，工作量大；③不同品牌的交换机其新业务增加时，数据修改和维护的方法不统一，使维护工作十分困难。同时，对大部分品牌的交换机，软件的修改必须有设备制造商技术人员的参与，而各厂商对此的支持力度不一，使新业务的创建周期拉长，跟不上市场的需要。

智能网的基本思想是将传统交换机的业务控制和呼叫处理相分离，把智能网业务逻辑从普通网络节点上分离出来，集中在少数几个业务交换点、业务控制点和业务管理点上,建立集中的业务控制点和数据库,同时配有相应的业务管理系统和业务生成环境,以便智能网能方便地对业务进行管理和生成新的业务。原有电信网络节点只完成基本呼叫处理功能,通过业务触发,由智能网业务逻辑控制实现各种智能网业务。智能网业务处理方式如图 6-3 所示。

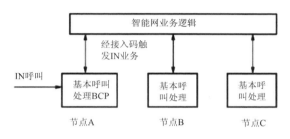

图 6-3　智能业务处理方式

在智能网方式中,原有交换机保留基本呼叫处理功能,业务控制功能集中在少数几个节点上,使用集中的数据库,采用 SSP(业务交换点)、SCP(业务控制点)和 SMP(业务管理点)的分层管理方式,在对现有网络运行没有影响的情况下,为业务管理、业务创建提供了极大的方便,能快速、灵活地提供、生成和管理新业务。

6.2.2 智能网的特点

从通信网能够为用户提供智能业务、满足用户的不同需求的角度来看,目前概念下的智能网是具有一定智能的。但是"智能"的概念在信息科学领域和人工智能(AI)技术中是有严格定义的,目前概念下的智能网不具有联想、思维、自学习、自推理等功能,因此不是严格意义上的智能网。从发展的观点看,这些功能将是智能网发展的未来方向。

按照 ITU-T 的建议,智能网是在不改变现行电信网(即电话网)硬件结构的条件下,开发集中数据库系统并能实现快速、有效、灵活、经济地生成电信新业务的网络。通过标准化的结构和协议,将业务控制与交换分离,交换只负责业务交换功能,而业务的创建、生成和提供均由智能网负责完成。它一方面加速了业务生成的步伐,提高了用户的参与程度;另一方面由于采用标准接口,各厂家的设备可以灵活互通、公平竞争,从而必将促进智能网的研究发展,降低产品的售价,给网络经营者和用户都带来好处。

归纳起来,智能网有如下特点:

（1）业务控制与交换机相分离。在增加新业务时，只需要修改 SCP 中的业务逻辑和相关的数据，而不用修改交换机的软件。

（2）集中管理和分布式智能。公用数据库可以集中设在局域、广域和国家级交换中心，以便对业务进行集中管理。而用户数据业务、逻辑可分布在网络的任一节点上。

（3）网络功能模块化。提供与业务无关的模块为最基本的单元，可以把它们当成积木式的组件，构成各种业务，有利于新业务的设计和规范。

（4）通过独立于业务的接口，在各网络功能实体之间实现标准通信。智能网应用协议 INAP 已由国际电联 ITU－T 定义，用于各功能实体之间的通信。这是实现多厂家智能网产品组网互联的基础。

（5）智能网的结构与现有网络能兼容互通。不影响现有网络的信号规程、操作和性能，即是一个附加网络结构概念。它可以有效地利用现有的网络资源，完成 IN 的目标。

（6）业务的提供与网络的发展无关。将来网络结构的变化不影响现有业务的提供，而且开放的网络接口使电话网、公用网、无线移动网、ISDN 网可以方便地接入。

（7）多方参与业务生成。电信部门、业务提供者甚至用户都可以使用高级用户控制功能来修改和制定新业务。

（8）能够快速把新业务引入公用网。采用一系列新的业务设计、生成、提供方法，保证满足商业企业、公众用户的需求。

（9）用户和网络终端（如电话机等）不再有一对一的关系。业务直接提供给用户，只要用户持有信用呼叫卡、个人身份号码和用户号码就可以在网络的任一部电话机上进行通话，不受时间、地点和终端的限制。

（10）具有容错运行机制。各个附加网络实体均有多种容错措施，故障时提供告警，选择最佳路由，保证安全可靠运行。

6.2.3　智能网的结构与概念模型

6.2.3.1　智能网的结构

智能网一般由业务交换点（SSP）、业务控制点（SCP）、信令转接点（SW）、智能外设（IP）、业务管理系统（SMS）、业务生成环境（SCE）等几部分组成，如图 6-4 所示。

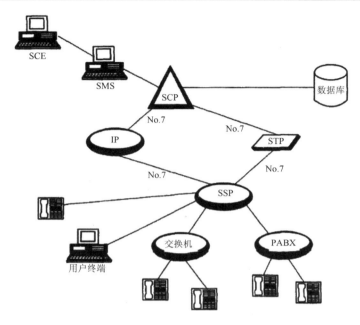

图 6-4　智能网的总体结构

1）业务交换点（SSP）

SSP 具有呼叫处理功能和业务交换功能。呼叫处理功能可接收客户呼叫、执行呼叫建立和呼叫保持等基本接续功能。业务交换功能则能够接收、识别出智能业务呼叫并向业务控制点报告，进而接收业务控制点发来的控制命令。业务交换点一般以原有的数字程控交换机为基础，再配以必要的软硬件以及 No.7 共路信令网的接口。

2）业务控制点（SCP）

SCP 是智能网的核心功能部件，它存储用户数据和业务逻辑，其主要功能是接收 SSP 送来的查询信息并查询数据库，进行各种译码。同时，它还能根据 SSP 上报来的呼叫事件启动不同的业务逻辑，根据业务逻辑向相应的 SSP 发出呼叫控制指令，从而实现各种各样的智能呼叫。智能网所提供的所有业务的控制功能都集中在 SCP 中，SCP 与 SSP 之间按照智能网的标准接口协议进行互通。SCP 一般由大、中型计算机和大型实时高速数据库构成。要求 SCP 具有高度的可靠性，每年服务的中断时间不能超过 3 分钟。因此，它在网络中的配置起码是双备份甚至是三备份的。

3）信令转接点（SW）

SW 实质上是 No.7 信令网的组成部分。在智能网中，SW 用于沟通 SSP 与 SCP 之间的信号联络，其功能是转接 No.7 信令。它通常是分组交换机，在网中的配置是双备份的。

4）智能外设（IP）

IP 是协助完成智能业务的特殊资源，通常具有各种语音功能，如语音合成、播放录音通知、接收双音多频拨号、进行语音识别等。IP 可以是一个独立的物理设备，也可能是 SSP 的一部分，它接受 SCP 的控制，执行 SCP 业务逻辑所指定的操作。IP 设备一般造价较高，若在网络中的每个交换节点都配备是很不经济的，因此在智能网中将其独立配置。

5）业务管理系统（SMS）

SMS 是一种计算机系统。它一般具有 5 种功能，即业务逻辑管理、业务数据管理、用户数据管理、业务监测以及业务量管理。在业务创建环境上创建的新业务逻辑由业务提供者输入 SMS 中，SMS 再将其装入 SCP，就可在通信网上提供该项新业务。完备的 SMS 系统还可接收远端客户发来的业务控制指令，修改业务数据（如修改虚拟专用网的客户个数），从而改变业务逻辑的执行过程，一个智能网一般仅配置一个 SMS。

6）业务生成环境（SCE）

SCE 的功能是根据客户的需求生成新的业务逻辑。SCE 为业务设计者提供友好的图形编辑界面。客户利用各种标准图元，设计新业务的业务逻辑，并为之定义相应的数据。业务设计好之后，还须进行严格的验证和模拟，以保证它不会给电信网中已有的业务带来损害。此后，才将此业务逻辑传送给 SMS，再由 SMS 加载到 SCP 上运行。

智能网的基本目标之一就是便于新业务的开发，SCE 正是为客户提供了按需设计业务的可能性。从这个角度上说，SCE 是智能网的灵魂，它真正体现了智能网的特点。

6.2.3.2 智能网的概念模型

智能网的概念模型（INCM）是一个用来描述智能网各种概念及其相互关系的框架，它运用了层次化、结构化及面向对象的原理和技术，将智能网用 4 个层次来描述。每个层次代表从不同角度所提供的网络能力。这 4 个层次从上至下依次是：业务层、全局功能层、分布功能层和物理层，如图 6-5 所示。

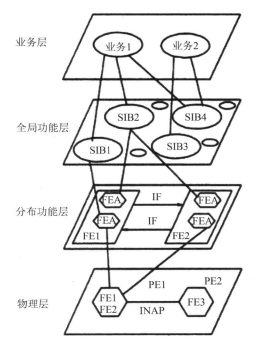

图 6-5　智能网概念模型

这 4 个层次使人们可以从不同角度来观察、理解智能网和智能业务。下面分别介绍这 4 个层次的内容:

1)业务层

业务层是智能网概念模型的最高层,呈现出了智能网所提供的业务及其各种业务属性。它只说明业务具有什么样的性能,而与业务的实现无关。业务层面向租用业务和使用业务的用户,用户可以根据自己的需要在业务管理系统 SMS (Service Management System)的支持下,对业务进行客户化操作,而不必关心业务实现的细节。例如,业务层上的业务既可以采用传统的方法在交换机上实现,也可以在智能平台或智能网上实现,不论采用哪种方式实现,对用户来说是没有差别的。

业务属性是业务层中最小的描述单位。一个业务由一个或多个业务属性组合而成。例如,在业务层上,被叫集中付费业务可表示为:

被叫集中付费="公用一个号码"+"反向计费"+"登记呼叫记录"+…。其中,等号左边表示业务,等号右边表示该业务所具有的业务属性。

2）全局功能层

业务层下面的一层是全局功能层。该功能层将 IN 看作一个整体，通过构成业务的可重用软件功能模块来标识网络的基本能力，然后描述如何将这些模块组合在一起，实现业务层中所确定的业务和业务属性。这些软件模块覆盖了网络的计算、号码翻译、用户交互、连接、数据查询、数据修改、计费等所有基本能力。

这些功能模块统称为与业务无关的构成块 SIB（Service Independent Building Block）。业务设计者只需要描述一个业务需要用到哪些 SIB、这些 SIB 之间的先后顺序、每个 SIB 的输入输出参数等，即可完成一个业务的设计。这使得业务的设计既标准又灵活，能迅速地设计出新的业务。

3）分布功能层

接下来的一层是分布功能层。分布功能层对 IN 的各种功能进行划分，从智能网设计者的角度来描述智能网的功能结构。该层由一组称为功能实体的软件单元组成，每个功能实体完成 IN 的一部分特定功能，如呼叫控制、业务控制等。各功能实体之间采用标准信息流进行联系，这种标准信息流的集合就构成了智能网的应用程序接口协议。

功能实体和信息流的规范描述与它们的物理实现方式无关。它们为智能网的开发者提供了一个逻辑高层模型，该高层模型只说明一个功能实体应具有什么样的功能，而不必关心这些功能可由什么语言或硬件平台来实现。

4）物理层

概念模型的最低一层是物理层。物理层表明分布功能层中的功能实体可以在哪些物理节点中实现。这里的物理节点就是智能网的功能部件，也叫智能网节点。一个物理节点中可以包括一个或多个功能实体，但是，一个功能实体只能位于一个物理节点中，而不能分散在多个物理节点中。

在智能网概念模型中，业务层由业务和业务属性组成，它们可以进一步采用全局功能层中的与业务无关的构成块 SIB 来加以描述和实现。全局功能层将智能网视为一个整体，它的每一个可重用功能模块（即 SIB）都完成网络的某种标准功能。每个 SIB 的功能是通过分布功能层上不同功能实体之间的协同工作共同完成的。不同功能实体之间的协同通过标准的智能网接口（信息流）来实现。

以上 3 个层面在逻辑上从上到下逐层细化，但分布功能层和物理层之间的关系则是功能实体在哪些物理节点中得到实现，是软件功能在硬件设备上的定位。

6.2.4　智能网应用协议

智能网是一个分布式系统。国际电联将智能网各功能实体之间的消息流用一种高层通信协议的形式加以规范定义，即为智能网应用协议，称为 INAP（Inteligent Network Application Protocol）。INAP 定义了智能网各个功能实体间的应用层接口协议、操作（消息流）以及各功能实体接收 INAP 信息后必须遵守的操作过程。INAP 建议有 Q.1218 和 Q.1228，分别对应于智能网能力集 1 和智能网能力集 2。Q.1218 定义了 SSF—SCF、SCF—SDF、SCF—SRF、SRF—SSF 之间的接口协议；Q.1228 扩展了 Q.1218，并增加了 SCF 与 SCF 之间的通信协议。

INAP 定义中不涉及 CCF 与 SSF 之间的界面。由于 CCF 功能与交换机相关性强，SSF 与 CCF 间消息繁杂，且与具体交换机有关，因此不易确定统一的标准界面。另外，CCF 与 SSF 一般均由同一厂家提供，二者之间可作为内部界面处理，不必进行标准化等。

接口的标准化是智能网的标准化进程中最重要的一个方面。对智能网的实施而言，最重要的是 SSP 和 SCP 之间的接口标准化问题，因为这是智能网最基本的接口。而 SDP、IP 等的相关标准接口则可次要一点，因为 SDF 可放在 SCP 内实现，此时，SDF 与 SCF 之间的接口可以暂时采用过渡性的内部协议。同理，也可把 SRF 放在 SSP 中实现，在 SSF 与 SRF 之间采用临时的内部协议。最后，随着智能网的发展，再逐渐全部采用标准化接口协议。

INAP 是智能网功能实体间的应用层通信协议，以抽象的方式描述逻辑上所传的数据，并对数据进行编码等。智能网的实现以 No.7 信令网和大型集中数据库为基础。No.7 信令网为智能网各节点之间的联系提供了通信手段，智能网功能实体之间的标准信息流通过 No.7 信令网的 TCAP（事务处理能力应用部分）协议传送。

通话时信令系统把相关的消息通过专用的信令信道从发话局送到收话局。信令信道的路由可以和通话路由一致，也可以和通话路由不一致。与智能网联系紧密的是 TCAP，智能网应用程序通过调用 TCAP 原语来传送智能网的标准信息流。

使用标准的智能网接口协议和 No.7 信令系统的 TCAP 协议，首先，它使多厂家的智能网设备以开放式实现互联；其次，它提供了传递与呼叫建立无关的其他类型信息（与电路信息无关的信息）的能力，为通信提供了更多的安全性；第三，对于需要在呼叫建立阶段向用户发各种提示音的业务，远端的 SCP 可以通过信令网来控制用户所在的端局或汇接局的语音设备。图 6-6 表示一次智能呼叫所涉及的协议。

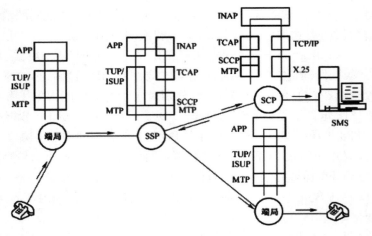

图 6-6　智能呼叫所涉及的协议

6.3　物联网技术

6.3.1　物联网的概念

物联网(Internet of Things)最初被定义为把所有物品通过射频识别(RFID)和条码等信息传感设备与互联网连接起来,实现智能化识别与管理功能的网络。这个定义 1999 年由美国麻省理工学院的 Auto－ID 研究中心提出,认为实质上物联网是 RFID 技术与互联网的结合应用。

RFID 标签为早期物联网关键技术与产品,认为物联网最大规模、最有前景的应用是在零售与物流领域,利用 RFID 技术,通过互联网实现物品或商品的自动识别及信息互联共享。

2005 年,国际电联在《The Internet of Things》报告中对物联网概念进行了扩展,提出了任何时刻、任何地点、任何物体之间的互联,无所不在的网络与无所不在的计算的发展愿景,除 RFID 技术外,传感器技术、智能终端等技术将得到更广泛的应用。

　　2009 年,欧盟 RFID 与物联网研究项目簇(Cluster of European Research Projects on The Internet of Things:CERP—IT)发布《物联网战略研究路线图》研究报告,提出了新的物联网概念,认为物联网是未来互联网的组成部分,可被定义为基于标准的和可互操作的通信协议,并具有自配置能力的动态全球网络基础架构。物联网中的"物"都具标识、物理属性和实质上的个性,使用智能接口,实现与信息网络的无缝整合。

6.3.2　物联网与现有网络之间的关系

6.3.2.1　物联网与互联网

　　物联网的英文名称是"Internet of Things"。由该名称可见,物联网就是"物物相连的互联网"。这有两层意思:一是物联网的核心和基础仍然是互联网,是在互联网基础之上延伸和扩展的一种网络;二是其用户端延伸和扩展到了任何物品与物品之间的信息交换和通信。两者的主要区别如表 6-1 所示。

表 6-1　物联网与互联网对比

对比内容	互联网	物联网
起源点在哪里	①计算机技术的出现; ②技术的传播速度加快	①传感技术的创新; ②云计算
面向的对象是谁	人	人和物质
发展的过程	技术的研究到人类的 技术共享使用	芯片多技术的平台和应用过程
谁是使用者	所用的人	人和物质,人即信息体,物即信息体
核心的技术在谁手里	主流的操作系统和语言开发商	芯片技术开发商和标准制定者
创新的空间	主要内容的创新和体验的创新	技术就是生活,想象就是科技, 让一切事物都有智能
什么样的文化属性	精英文化,无序世界	草根文化,"活信息"世界
技术手段	网络协议,Web2.0	数据采集,传输介质,后台计算

6.3.2.2　物联网与传感网

传感器网可以看成是传感模块加组网模块共同构成的一个网络。传感器仅仅感知到信号,并不强调对物体的标识。例如,可以让温度传感器感知到森林的温度,但并不一定需要标识哪根树木。

物联网的概念相对比传感器网大一些。这主要是因为人感知物、标识物的手段除了有传感器网外,还可以有二维码、RFID 等。如用二维码、RFID 标识桌椅之后,就可以形成物联网,但二维码、RFID 并不在此传感器网络的范畴(除非将传感器网络广义化,而传感器网络广义化意义不大,如广义之后,手机也可以是传感器网,电话也可以是传感器网)。

6.3.2.3　物联网与泛在网

泛在计算(Ubiquitous Computing)也称为普适计算,其中"Ubiquitous"源自拉丁语,意为存在于任何地方。1991 年,Xerox 实验室的计算机科学家 Mark Weiser 首次提出此概念,描述了一个任何人无论何时何地都可通过合适的终端设备,以不可见的方式获取计算能力的全新信息社会。

泛在计算是继主机计算、桌面计算之后发展起来的一种新的计算模式。在普适计算环境中,人会连续不断地与不同的计算设备进行隐性的交互。在这个交互过程中,计算系统实际上是根据感知与用户认为相关的上下文信息来向用户提供服务的。上下文总的来讲是指任何用于表征实体状态的信息。这里的实体可以是个人、位置和物理空间或虚拟空间中的对象,也可以理解为用户所处的环境。它包括过去的活动记录、当前的状态以及对未来可能发生的事件的预估计。与之对应,日本、韩国提出了泛在网络(Ubiquitous Network)的概念,欧盟提出了环境感知智能(Ambient Intelligence)等概念。

泛在网络的含义是:无所不在的网络社会将是由智能网络、最先进的计算技术以及其他领先的数字技术基础设施武装而成的技术社会形态。根据这样的构想,泛在网络将以"无所不在""无所不包""无所不能"为基本特征,帮助人类在任何时间、任何地点,实现任何人、任何物品之间的顺畅通信。泛在网也被称为"网络的网络",是面向泛在应用的各种异构网络的集合。

网络在向泛在化演进,物联网可以看作泛在网的起点,是泛在网发展的物联阶段;而泛在网则是物联网发展的终极目标。

通过以上对现有各种网络概念的讨论可知:物联网是一种关于人与物、物与物广泛互联,实现人与客观世界进行信息交互的信息网络;传感网是利用传感器作为节点,以专门的无线通信协议实现物品之间连接的自组织网络;泛在网是面向泛在应用的各种异构网络的集合,强调的是跨网之间的互联互通和数据融合/聚类与应用;互联网是指通过 TCP/IP 协议将异种计算机网络连接起来实现资源共享的网络技术,实现的是人与人之间的通信。目前,传感网和互联网已经发展得比较成熟,物联网还处于发展的初级阶段,其终极目标是泛在网络。物联网与现有网络(如传感网、互联网、泛在网络以及其他网络通信技术)之间的关系如图 6-7 所示。

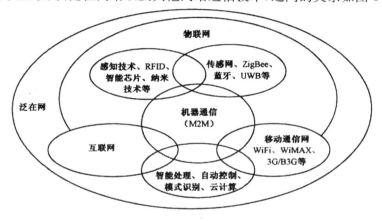

图 6-7 物联网与现有网络之间的关系

由图 6-7 可以看出,物联网与现有网络之间是包容、交互作用的关系。物联网隶属于泛在网,但不等同于泛在网,只是泛在网的一部分。物联网起源于射频识别领域,涵盖了物品之间通过感知设施连接起来的传感网;不论传感网是否接入互联网,都属于物联网的范畴;传感网可以不接入互联网,但当需要时,随时可利用各种接入网接入互联网。互联网(包括下一代互联网)、移动通信网等可作为物联网的核心承载网。

6.3.3 物联网结构体系框架

物联网的结构体系框架如图 6-8 所示,其中涵盖了许多功能模块及主要部件。它大致由物理世界感知、自组织和分布式智能处理,以及泛在接入、计算平台所组成。若更抽象,物联网可归纳为:感知层、网络层和公共支持平台三大部分的集成。

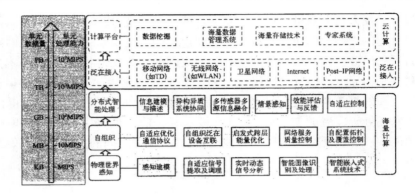

图 6-8　物联网的结构体系框架

6.3.3.1　感知层

感知层由传感器以及传感器网关构成,包括各种传感器、二维码标签、RFID
标签和读写器、摄像头、GPS 等物理感知终端。感知层的作用相当于人的眼、耳、
鼻、喉与皮肤等神经末梢,它是物联网获得识别物体,采集信息的来源,其主要功能
是识别物体和采集信息。数据采集与感知主要用于采集物理世界中发生的事件和
数据,包括各类物理量、标识、音频、视频数据等。传感器网络组网和协同信息处理
技术实现传感器、RFID 等数据采集技术所获取数据的短距离传输、自组织组网以
及多个传感器对数据进行协同信息处理的过程。

6.3.3.2　网络层

网络层由各种私有网、互联网、有线与无线通信网及网管系统和云计算平台等
组成。网络层相当于人的神经中枢和大脑,负责传递和处理感知层获取的各种
信息。

网络层实现更广泛的互联功能,把感知到的各种信息无障碍、高可靠、高安全
地进行传输。目前,移动通信、互联网等技术已较成熟,基本能满足物联网数据传
输的需要。

网络层运用安全技术、网关与 QoS,使数据计算、信息传输获得安全、可靠的
服务质量。

6.3.3.3　应用层

建立物联网最终目的是为实现各种应用,而应用层是物联网与用户的接口。

该层主要包含应用支撑平台子层及应用服务子层。其中应用支撑平台子层用于支撑跨行业、跨应用、跨系统间的信息协同、共享、互通功能,应用服务子层包括与行业需求的结合。物联网的行业特性主要体现在各个应用领域,如绿色农业、工业监控、公共安全、城市管理、智能交通、远程医疗、环境监测、军事领域和智能家居等。

6.3.3.4　公共支撑体系

公共技术并不属物联网技术的特定层面,但与技术架构的三层次有密切关系。公共技术包含物理世界感知,自组织和分布式智能处理,泛在接入和计算平台。从物理世界感知到云计算,产生的单元数据量从 KB 达到 PB,处理能力需求从 MIPS 到 109MIPS。

6.3.4　物联网的应用

6.3.4.1　物联网的应用领域

物联网应用层主要面向用户需求,利用所获取的感知数据,经过前期分析和智能处理,为用户提供特定的服务。目前,物联网应用的研究已经扩展到智能交通、智能物流、环境监测、智能电网、医疗健康、智能家居、金融安防以及工业监测等多个领域。

1)智能交通

随着人们生活水平的不断提高,车辆的数量日益增加,城市交通承受的压力也越来越大,道路拥堵、交通事故等不断见诸报端。据相关统计数据显示,目前,有30%的石油浪费在寻找停车位的过程中,不仅造成了资源浪费、环境污染,还给人们生活带来了很大的不便。

通过使用不同的传感器和 RFID,可以对车辆进行识别和定位,了解车辆的实时运行状态和路线,方便车辆的管理,同时也可实现交通的监控,了解道路交通状况。另外,还可以利用自动识别实现高速公路的不停车收费、公交车电子票务等,提高交通管理效率,减少道路拥堵。

2)智能物流

现代物流系统从供应、采购、生产、运输、仓储、销售到消费,由一条完整的供应链构成。在传统的管理系统中,无法及时跟踪物品信息,对物品信息的录入和清点也多以手工为主,不仅速度慢,而且容易出现差错。引入物联网技术,结合 GPS 系统,能够改变传统的信息采集和管理的方式,实现从生产、运输、仓储到销售各环节的物品流动监控,提高物流管理的效率。

3)环境监测

环境监测是指通过检测对人类和环境有影响的各种物质的含量、排放量以及各种环境状态参数,跟踪环境质量变化,确定环境质量水平,为环境管理、污染治理、防灾减灾等工作提供基础信息、方法指引和质量保证。传统的以人工为主的环境监测模式受测量手段、采样频率、取样数量、分析效率、数据处理诸方面的限制,不能及时地反映环境变化,预测变化趋势,更不能根据监测结果及时采取有关应急措施。

进入 21 世纪以来,以传感网为代表的自主监测方式逐渐发展起来。大量低成本、小型无线传感器被部署在被监控区域,传感器节点包含感知、计算、通信和电池四大模块,能长期准确地监测环境。节点间通过无线信道构成自组织网络,将感知数据及时有效地传送至汇聚节点,汇聚节点进一步将数据提交到互联网,供上层应用使用。同时,来自互联网的命令也可通过汇聚节点传达到网络中的每个传感器。如今,传感网已应用于污染监测、海洋环境监测、森林生态监测、火山活动监测等重要领域。传感网的出现使长期、连续、大规模、实时的环境监测变为可能,为实现物联网时代对物理世界更全面的感知奠定了坚实的技术基础。

4)智能电网

智能电网以物联网为基础,其核心是构建具备智能判断和自适应调节能力的多种能源统一入网和分布式管理的智能化网络系统,通过对电网与用户用电信息进行实时监控和采集,采用最经济、最安全的输配电方式将电能输送到终端用户,实现对电能的最优配置与利用,提高电网运行的可靠性和能源的利用效率。从智能电网的能源接入、输配电调度、安全监控与继电保护、用户用电信息采集、计量计费到用户用电,每一处都是通过物联网技术来实现的。

5)医疗健康

通过在人身上放置不同的医疗传感器,可以对人体的健康参数进行实时监测,及时获知用户生理特征,提前进行疾病的诊断和预防。对于医疗急救,利用物联网技术,将病人当前身体各项监测数据上传至医疗救护中心,以便救护中心的专家提前做好救护准备,或者给出治疗方案,对病人实施远程医疗。美国英特尔公司目前正在研制家庭护理的传感网系统,作为美国"应对老龄化社会技术项目"的一项重要内容。

6)智能家居

智能家居又称智能住宅,是以计算机技术和网络技术为基础,利用综合布线技术、网络通信技术、安全防范技术、自动控制技术、音视频技术将与家居生活有关的设备集成。这些设备包括各类电子产品、通信产品、家电等,通过不同的互联方式进行通信及数据交换,是实现家庭网络中各类电子产品之间的"互联互通"的一种服务。

从目前的一些物联网应用系统来看,大部分都是一些封闭的专用系统,应用范围相对较小,而且电信运营商也未能有效地参与其中,还是以行业内零散的应用为主,并未实现真正意义上的物物相连。在国家大力推动工业化与信息化融合的背景下,需要更进一步地加强行业间的合作,加快物联网应用的推广和普及。

6.3.4.2　物联网应用前景展望

物联网的发展代表了社会信息化的发展方向。就通信产业来说,其长期发展目标是实现人与人之间的无缝联系和沟通,而这个目标发展到现在,已经基本实现了。那么,通信产业今后应向什么方向发展呢? 从 2009 年开始,以"物联网""智慧地球"为代表的信息化概念在全球范围内出现,为通信产业未来的发展指明了方向。

在全球金融危机的大背景下,物联网的本质是行业信息化,各国政府大力推动物联网发展的动力在于寻找新的经济增长点和创造新的就业机会。因此,全球范围内的电信运营商成为物联网的重要推动者。电信运营商将在物联网的发展中获得巨大的利益,同时也带领着整个通信产业朝一个更加深入的方向发展。从整个物联网的发展情况来看,物联网目前仍然处在一个规模成长前夜的阶段,要实现规模化的发展,还面临着一系列的挑战和问题。这些挑战和问题概括起来就是横向欠缺整合,纵向亟待深入,以及物联网的进一步发展和规模化对通信网络产生的一系列问题。

1)横向整合

从横向整合的角度来看,基于物联网这样一个从感知层到网络层,再到应用层的端到端的架构,应该建立公共的分层的物联网体系结构。这样一种社会公共的物联网基础架构的优化,有两个节点非常重要:一个是物联网业务支撑平台,或者说是物联网中间件平台;另一个是标准化、规范化的物联网网关产品。因此,物联网建设应以平台和模块为基础,形成一个更加规范化、标准化的物联网基础架构,并以此架构为基础形成整个社会物联网的分工。

在这个过程中,标准化工作是非常重要的任务。从国际范围来看,整个物联网的规范制定都处于相对滞后的局面。物联网行业规范的制定是推动物联网发展的关键,必须予以充分的重视。物联网规范的制定应以物联网业务支撑平台为核心,重点为平台与终端的接口、平台与应用的接口的标准化。

只有在形成一个社会公共的物联网基础架构,以及相应的行业规范得以制定的基础之上,真正的价值链分工基础之上的物联网产业联盟才能形成,如图 6-9 所示。目前,国内物联网产业联盟存在的一个突出问题,就是布局分散和缺乏基于价值链的分工。虽然大多数厂商宣称能够提供端到端服务方案,但大部分规模均较小。

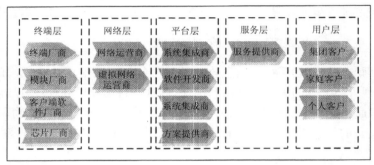

图 6-9　价值链分工基础之上的物联网产业联盟

2)纵向深入

在纵向深入方面,人们应该抓住一系列的机会推动物联网在各个行业的深化发展。

(1)新技术变革带来的契机。物联网通过对传统产业的变革,在某种程度上,颠覆了传统的服务产业链条。新技术变革为电信运营商和设备制造商占领行业市场提供了良好的契机。例如,在中兴通信承担的中国重庆电子车牌项目中,通过产品快速的产业化,电子车牌系统在重庆市范围内实现了规模化应用,并且正在向全国推广。

(2)政府示范项目机会。在政府示范项目中,政府关注的重点在于整个物联网产业链的发展,以及社会公共资源在物联网领域的最优化投入。设备制造商和电信运营商可以通过在政府示范项目上的充分合作,形成合力,实现重点行业的突破。例如,中兴通信和上海电信合作,为上海世博会提供了车辆监控服务系统,取得了良好的社会效应,此项目也因此获得了 CDG 颁发的物联网业务创新大奖。

(3)经营模式和商业模式方面的创新。目前,物联网的发展表现出严重的行业不平衡状态,国内发展比较快的几个行业,都是具有巨额投资能力的行业。大多数没有钱的行业怎么办? 未来物联网在向更多行业纵深发展时,大多需要由创新模式来带动。

　　3)基础网络优化

　　基础网络的优化是整个通信业界尚未完全解决的问题,也是人们非常关心的问题。社会各界积极参与基础网络优化相关工作,其中包括国际标准化方面的工作。基础网络优化前期,人们普遍认为距离实际市场需求还较远,但是最近,在网络已经达到几百万甚至上千万物联网终端在线的情况下,这种需求已经出现了。例如,加强网络终端感知能力的需求;为了规避数据安全风险而进行的数据分流需求等。这些都是现实的需求,并且正在不断细化。从长远来看,物联网必须在横向整合、纵向深入以及基础网络优化 3 个重要问题上取得突破,才能获得物联网的规模化发展。

参考文献

[1]敖志刚. 现代网络新技术概论[M]. 北京：人民邮电出版社,2009.

[2]蔡报勤. 网络新技术及应用[M]. 北京：中国商务出版社,2008.

[3]蔡开裕. 计算机网络[M]. 北京：机械工业出版社,2008.

[4]曹雪峰. 计算机网络原理[M]. 北京：清华大学出版社,2014.

[5]陈代武. 计算机网络技术[M]. 北京：北京大学出版社,2009.

[6]程克非,罗江华,兰文富. 云计算基础教程[M]. 北京：人民邮电出版社,
    2013.

[7]龚尚福. 计算机网络技术与应用[M]. 北京：中国铁道出版社,2007.

[8]韩毅刚. 计算机网络技术[M]. 北京：机械工业出版社,2010.

[9]胡伏湘,邓文达. 计算机网络技术教程[M]. 北京：清华大学出版社,2007.

[10]季连业,王安,李龙. 云计算基础与实用技术[M]. 北京：清华大学出版社,
    2013.

[11]晋玉星. 计算机网络技术[M]. 北京：科学出版社,2007.

[12]李光明. 计算机网络技术教程[M]. 北京：人民邮电出版社,2009.

[13]李天目等. 云计算技术架构与实践[M]. 北京：清华大学出版社,2013.

[14]李文正. 下一代计算机网络技术[M]. 北京：中国水利水电出版社,2008.

[15]刘海涛,马建,熊永平. 物联网技术应用[M]. 北京：机械工业出版社,
    2011.

[16]刘化君,刘传清. 物联网技术[M]. 北京：电子工业出版社,2015.

[17]刘丽军,邓子云. 物联网技术与应用[M]. 北京：清华大学出版社,2012.

[18]刘文浩. 物联网导论[M]. 北京：科学出版社,2010.

[19]刘幺和. 物联网原理与应用技术[M]. 北京：机械工业出版社,2011.

[20]刘云浩. 物联网导论[M]. 北京：科学出版社,2010.

[21]马建. 物联网技术概论[M]. 北京：机械工业出版社,2010.

［22］毛吉魁.计算机网络技术［M］.北京:北京理工大学出版社,2012.

［23］曲津莉,李文,黄福伟.计算机网络新技术与应用［M］.北京:中国时代经济出版社,2013.

［24］宋彦民.计算机网络技术基础［M］.北京:清华大学出版社,2015.

［25］田增国.计算机网络技术与应用［M］.北京:清华大学出版社,2007.

［26］汪涛.无线网络技术导论［M］.北京:清华大学出版社,2012.

［27］王建平.无线网络技术［M］.北京:清华大学出版社,2013.

［28］王群.计算机网络技术［M］.北京:清华大学出版社,2012.

［29］王汝传.物联网技术导论［M］.北京:清华大学出版社,2011.

［30］王相林.计算机网络［M］.北京:机械工业出版社,2008.

［31］王永红.计算机网络技术［M］.北京:北京航空航天大学出版社,2014.

［32］王志红.计算机网络技术［M］.北京:高等教育出版社,2010.

［33］魏旻,王平.物联网导论［M］.北京:人民邮电出版社,2015.

［34］吴功宜,吴英.计算机网络应用技术教程［M］.北京:清华大学出版社,2007.

［35］吴朱华.云计算核心技术剖析［M］.北京:人民邮电出版社,2011.

［36］谢昌荣.计算机网络技术［M］.北京:清华大学出版社,2011.

［37］薛燕红.物联网导论［M］.北京:机械工业出版社,2014.

［38］杨正洪.云计算与物联网［M］.北京:清华大学出版社,2011.

［39］姚万生.计算机网络原理与技术［M］.哈尔滨:哈尔滨工业大学出版社,2007.

［40］尹敬齐.计算机网络技术［M］.北京:机械工业出版社,2008.

［41］游小明,罗光春.云计算原理与实践［M］.北京:机械工业出版社,2013.

［42］余智豪.接入网技术［M］.北京:清华大学出版社,2012.

［43］曾宇,曾兰玲,杨治.计算机网络技术［M］.北京:机械工业出版社,2013.

［44］张倩莉,乔治锡,王宇锋.计算机网络技术［M］.成都:西南交通大学出版社,2015.

［45］张水平,张风琴.云计算原理及应用技术［M］.北京:交通大学出版社,2013.

［46］张思卿,王海文.计算机网络技术［M］.武汉:华中科技大学出版社,2013.

［47］赵元安.无线接入原理及应用［M］.北京:国防工业出版社,2007.

［48］朱宇光.下一代网络关键技术研究［M］.长春:吉林大学出版社,2013.

[49]王道平,王凯,郑浩.短距离无线通信技术与应用研究[J].无线互联科技,2018(6).

[50]陈井泉,王龙.SDN技术下的无线网络接入控制技术研究[J].科技视界,2017(19).

[51]短距离无线通信多种技术仍将并存[J].电子技术与软件工程,2018(4).

[52]段晓东.对发展下一代网络的思考[J].中兴通讯技术,2016,22(6).

[53]高飞.数字数据网功能应用及发展分析[J].现代营销(学苑版),2012(4).

[54]胡斌.试论计算机网络技术及其应用[J].山东工业技术,2018(7).

[55]黄天.无线局域网技术及应用探究[J].网络安全技术与应用,2017(7).

[56]贾文,武震,张宁等.智能网技术在移动信息化领域应用[J].中国新通信,2013,15(23).

[57]蒋林涛.下一代网络技术的研究[J].电信网技术,2015(10).

[58]蒋添.物联网发展带来的机遇与问题[J].科技创新与应用,2018(7).

[59]金双勇.关于网络接入控制系统的研究[J].价值工程,2017,36(34).

[60]黎仲钧.数据通信技术[J].科协论坛(下半月),2007(2).

[61]李晨来.基于ZigBee技术的近距无线物联通信系统[J].无线互联科技,2018,15(3).

[62]李曼曼.云计算发展现状及趋势研究[J].无线互联科技,2018,15(5).

[63]李儒金.谈当今智能网[J].合作经济与科技,2006(22).

[64]李子梅.计算机网络及其体系结构[J].信息记录材料,2018,19(5).

[65]廖威.无线局域网技术的现状及发展方向探讨[J].网络安全技术与应用,2017(2).

[66]马超.WAP技术与应用[J].科技经济市场,2007(11).

[67]马振华.帧中继技术及应用分析[J].电子世界,2017(16).

[68]宋连庆,韩兴会,袁世博,等.ZigBee无线传感器网络平台设计与实现[J].计算机与数字工程,2018(3).

[69]苏建伟,韩勇.关于下一代网络(NGN)技术的发展方向研究[J].通讯世界,2016(11).

[70]王建军.接入网技术和发展趋势研究[J].信息记录材料,2017,18(12).

[71]王熠.无线通信技术的发展趋势分析[J].中国新通信,2018,20(4)

[72]吴峰.网络文件的传输机制研究[J].无线互联科技,2012(8).

[73]徐灿辉.低功率广域网主流技术应用前景分析[J].广东通信技术,

2018,38(2).

[74]闫冬梅,任丽莉,王浩宇.基于 ZigBee 通信的室内定位系统[J].吉林大学
学报(信息科学版),2018,36(2).

[75]闫培哲.网络文件传输技术的研究与实现[J].山西电子技术,2016(4).

[76]于建锋.X.25 协议在民航空管中的应用和维护[J].通讯世界,2017(1).

[77]曾高峰.网络文件传输机制探析[J].现代商贸工业,2013,25(1).

[78]张如花.浅谈下一代网络技术[J].电子制作,2013(10).

[79]张炜,陈晨.下一代网络体系结构初探[J].电脑知识与技术,2013,9(12).

[80]张文春.浅谈下一代网络[J].中国新通信,2016,18(22).

[81]郑宁,杨曦,吴双力.低功耗广域网络技术综述[J].信息通信技术,2017,
11(1).